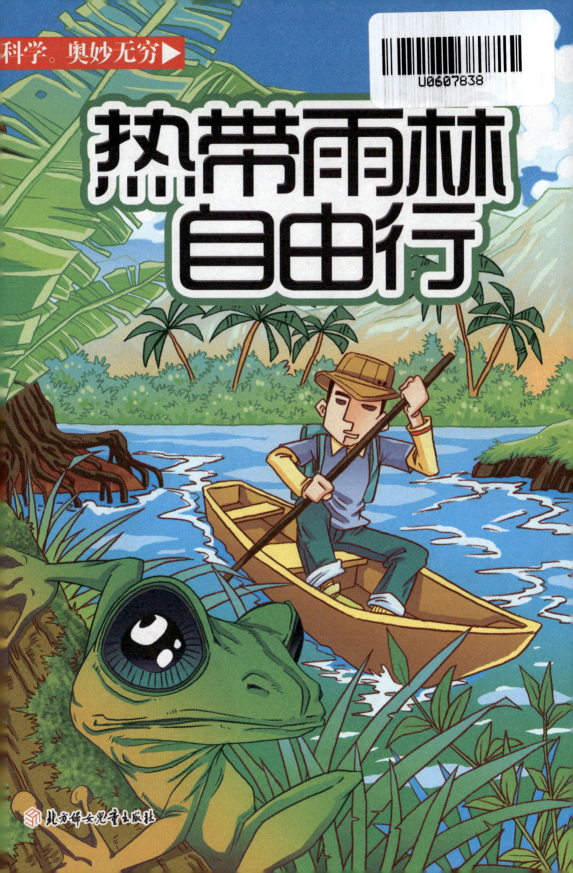

目

录

目录

● 热带雨林一瞥

在地球上有几片地域，被称为"地球之肺"、"世界空调"，抬头不见蓝天，低头满眼苔藓，密不透风的林中潮湿闷热，脚下到处湿滑。那里光线暗淡，虫蛇出没，人们在其间行走，不仅困难重重，而且也很危险。但那个地方是生物的乐园，不论是动物还是植物，都是陆地上其他地方所不可比的。在那里，有静静的池水、奔腾的小溪、飞泻的瀑布，在那里，有参天的大树、缠绕的藤萝、繁茂的花草。那就是热带雨林。

热带雨林是地球这颗蓝色星球赖以呼吸的肺，也是人类探究奇妙自然的最后一块净土。现在让我们背起行囊去参观那一片又一片美丽神奇的热带雨林，去发现自然、发现生命、发现历史。

19世纪，德国植物学家辛伯尔广泛收集和总结了热带地区的科学发现和各种资料，把潮湿热带地区常绿高大的森林植被称作热带雨林，并从当时的生态学角度对它进行了科学描述和解释。热带雨林具有独特的外貌和结构特征，

与世界上其他森林类型有清楚的区别。热带雨林主要生长在年平均温度24℃以上，或者最冷月平均温度18℃以上的热带潮湿低地。

热带雨林是一种茂盛的森林类型，进入到森林之中，你仿佛来到一个神话世界。随着科学家对热带雨林的深入探查和研究，越来越多的生态现象被发现。但越来越多的发现也揭示，热带雨林中蕴藏着大量的尚未被充分认识的生物学和自然规律。特别是热带雨林物种的极端丰富性和植物生活类型的多样性并不能完全用达尔文的进化论来解释。世界上除热带雨林外的物种充其量仅占总物种的一半。植物生活类型亦仅只是一部分。例如，温带的森林，不仅种类贫乏，生活类型单调，各种生态关系和生态表现亦是相对简单和直接。依赖于热带以外森林的研究而得出的一些经典或传统的生物学规律和概念显然是非常不完善的，若直接套用来解释热带雨林，自然有很多现象不可思议。因此，科学家预测，通过对热带雨林的深入研究，或许会完全改变原有的生物学观念。然而，令人遗憾的是人们还没有充分解开热带雨林之谜时，它就可能由于人类自己的破坏而永久地消失。

RE DAI YU LIN ZI YOU XING

热带雨林的面纱 ＞

　　热带雨林主要分布于赤道南北纬5—10度以内的热带气候地区。这里全年高温多雨，无明显的季节区别，年平均温度25℃—30℃，最冷月的平均温度也在18℃以上，极端最高温度多数在36℃以下。年降水量通常超过2000毫米，有的竟达6000毫米，全年雨量分配均匀，常年湿润，空气相对湿度95%以上。

　　热带雨林为热带雨林气候及热带海洋性气候的典型植被。

　　大多数热带雨林位于北纬23.5度和南纬23.5度之间。在热带雨林中，通常有3—5层的植被，上面还有高达150英尺到180英尺的树木像帐篷一样支盖着。下面几层植被的密度取决于阳光穿透上层树木的程度，照进来的阳光越多，密度就越大。热带雨林主要分布在南美洲、亚洲和非洲的丛林地区，如亚马孙平原和云南的西双版纳。每月平均温度在18℃以上，平均降水量每年200厘米以上，超过每年的蒸发量。

热带雨林地区的地形复杂多样，从平原到高原峡谷，海拔60米以下都有热带雨林的分布。多样的地形、地貌造就了形态多样的雨林景观。热带雨林中往往有较多的河流、湖泊，以及数以千计的飞瀑、溪流，丰富的水资源和湿热的气候环境孕育了丰富而多样的生物种类和茂密的森林植被。热带雨林内闷热潮湿，地面湿滑，光线暗淡，虫蛇出没。

土壤也是影响热带雨林生长发育和分布的一个重要因子，尽管热带雨林的土壤类型多样，在性质上有很多差异，但仍表现出某些共同的特点，如在颜色方面多呈鲜红或黄色，在质地上一般为壤质或黏质，pH值酸性至强酸性。热带砖红壤、砖黄壤是热带雨林地区最广泛存在的土壤，是潮湿热带雨林的主要土壤类型，这与雨林地区强风化和侵蚀作用有关。

热带雨林的与众不同 〉

• 种类极为丰富

据统计，组成热带雨林的高等植物在 4.5 万种以上，而且绝大部分是木本的。如马来半岛一地就有乔木 9000 种。在 1.5 hm² 样地内，乔木常达 200 种左右（圭那亚 217 种，尼日利亚 192 种）。这些乔木异常高大，常达 46—55 米，最高达 92 米，但胸径并不太粗。树干细长，而且少分支 (2—3 级)。除乔木外，热带雨林中还富有藤本植物和附生植物。雨林中的种类组成之所以这样丰富，除了有利的环境条件之外，热带陆地的古老性也是重要原因。自第三纪以来，这里的生存环境很少发生强烈的变化，因此几百万年来，雨林本身变化和发展也很缓慢。

• 群落结构复杂

　　热带雨林中每个物种均占据自己的生态位，植物对群落环境的适应，达到极其完善的程度，每一个物种的存在，几乎都以其他物种的存在为前提。乔木一般可分为 3 层，第一层高三四十米以上，树冠宽广，有时呈伞形，往往不连接。第二层一般 20 米以上，树冠长、宽相等。第三层 10 米以上，树冠锥形而尖，生长极其茂密。再往下为幼树及灌木层，最后为稀疏的草本层，地面裸露或有薄层落叶。此外，藤本植物及附生植物发达，成为热带雨林的重要特色。藤本植物多木本，粗如绳索或电线杆，一般长 70 米左右，有时达 240 米。其中大藤本可达第一乔木层或第二乔木层，主干不分支，达天顶时则繁茂发育。小藤本多单子叶植物或蕨类，一般不超出树冠荫蔽的范围。附生植物多生长在乔木、灌木或藤本植物的枝叶上，其组成包括藻、菌、苔藓、蕨类和高等有花植物。还有一类植物开始附生在乔木上，之后生气根下垂入土，独立生活，并常杀死借以支持的乔木，所以被称为"绞杀植物"，如无花果属的一些物种。

11

• 乔木的特殊构造

雨林中的乔木，往往具有下述特殊构造：①板状根：第一层乔木最发达，第二层次之。每一树干具1—10条，一般3—5条，高度可达地面上9米。②裸芽。③乔本的叶子在大小、形状上非常一致，叶片革质，中等大小。幼叶多下垂具红、紫、白、青等各种颜色。④茎花：由短枝上的腋芽或叶腋的潜伏芽形成，且多一年四季开花。⑤多昆虫传粉。

• 无明显季相交替

组成雨林的每一个植物种都终年进行生长活动，但仍有其生命活动节律。乔木叶子平均寿命 13—14 个月，零星凋落，零星添新叶。多四季开花，但每个物种都有一个多少明显的盛花期。

上述植被特点给动物提供了常年丰富的食物和多种多样的隐蔽场所，因此这里也是地球上动物种类最丰富的地区。据报道，巴拿马附近的一个面积不到 0.5 平方千米小岛上，就有哺乳动物 58 种。但每种的个体数量少，捉 100 种动物容易，但捉一个种的 100 个个体却很困难。这是长期进化过程中，动物生态位选择与类型分化的结果，大多数热带雨林动物均为窄生态幅种类。热带雨林的生境对昆虫、两栖类、爬虫类等变温动物特别适宜，它们在这里广泛发展，而且体躯巨大，某些昆虫的翅膀可长达 17—20 厘米，一种巨蛇身长达 9 米。

热带雨林中生物资源极为丰富，如三叶橡胶是世界上最重要的橡胶植物，可可、金鸡纳等是非常珍贵的经济植物，还有众多物种的经济价值有待开发。开垦后可种植巴西橡胶、油棕、咖啡、剑麻等热带作物。但应注意的是，在高温多雨条件下，有机物质分解快，物质循环强烈，这样一旦植被破坏后，很容易引起水土流失，导致环境退化，而且在短时间内不易恢复。

因此，热带雨林的保护是当前全世界关心的重大问题，对全球的生态平衡都有重大影响，例如对大气中氧气和二氧化碳平衡的维持具有重大意义。

热带雨林生态群落 〉

雨林地区的地形复杂多样，从散布岩石小山的低地平原，到溪流纵横的高原峡谷。多样的地貌造就了形态万千的雨林景观。在森林中，静静的池水、奔腾的小溪、飞泻的瀑布到处都是；参天的大树、缠绕的藤萝、繁茂的花草交织成一座座绿色迷宫。

热带雨林中植物种类繁多，其中乔木具有多层结构；上层乔木高过30米，多为典型的热带常绿树和落叶阔叶树，树皮色浅，薄而光滑，树基常有板状根，老干上可长出花枝。木质大藤本和附生植物特别发达，叶面附生某些苔藓、地衣，林下有木本蕨类和大叶草本。

雨林中的树林多为双子叶植物，具有厚的革质叶和较浅的根系。用以营养的根部通常只有几厘米深。雨林中的雨水因叶面的蒸发而丢失很多。热带雨林中土壤和岩石的风化作用强烈，其风化壳可达100米。这类土壤虽富含铝、铁氧化物、氢氧化物和高岭石，但其他一些矿物质却因淋溶和侵蚀作用而流失。另外，在高温高湿条件下，有机物分解很快，能迅速被饥饿的树根和真菌吸收。所以，这里的土壤其实并不肥沃。

雨林中的次冠层植物由小乔木、藤

14

本植物和附生植物如兰科、凤梨科及蕨类植物组成，部分植物为寄生性，缠绕在寄生的树干上，其他植物仅以树木作为支撑物。雨林地表面被树枝和落叶覆盖。雨林内的地面并不如传说那样不可通行，多数地面除了薄薄的腐殖土层和落叶外多是光裸的。

在世界同类型地区中，亚马孙平原的热带常绿雨林不仅面积最广，而且发育也最为充分和典型，这是由于亚马孙平原所在的地理位置和地形结构，使它具有特别有利于该类型发育的现代气候条件，另一方面也与它发育历史悠久、在形成过程中自然地理条件相对比较稳定有关。南美的热带常绿雨林一般也称为希列亚群落，其植物种类成分极其丰富，而且相互杂生，很少形成纯林，其中三分之一种是南美特有种。它们生长连续无间，植物终年葱绿繁茂。乔木、灌木以及草本、藤本、附生植物组成多层次的

郁闭丛林。一般有4—5层，多者可达11—12层，树冠呈锯齿状，参差不齐。许多乔木为争取日照，力图往上生长，树干很少分枝，有的可高达80—100米。

热带常绿雨林下发育的典型土壤是砖红壤和具有灰化现象的红壤，前者分布在地势较高、排水良好、并且有少雨季节的地区，后者主要分布在各季节降水丰沛、森林郁闭、草本植被缺乏的地区。

除了热带雨林，还有亚热带雨林，分布在南、北纬10度之间的迎风海岸。该处有雨季和干季之分，有温度和日照的季节变化。亚热带雨林的树木密度和树种均较热带雨林稍少。其他雨林类型还有：季雨林、红树雨林、温带雨林等。

雨林中，木质藤本植物随处可见，有的粗达20至30厘米，长可达300米，沿着树干、枝丫，从一棵树爬到另外一棵树，从树下爬到树顶，又从树顶倒挂下来，交错缠绕，好像一道道稠密的网。附生植物如藻类、苔藓、地衣、蕨类以及兰科植物，附着在乔木、灌木或藤本植物的树干和枝桠上，就像披上厚厚的绿衣，有的还开着各种艳丽的花朵，有的甚至附生在叶片上，形成"树上生树"、"叶上长草"的奇妙景色。

有些种类的树干基部常会长出多姿多态的板状根，从树干的基部2—3米处伸出，呈放射状向下扩展。有些则生长着许多发达的气根，这些气根从树干上悬垂下来，扎进土中后，还继续增粗，形成了许许多多"树干"，大有一木成林的气势，非常壮观。有些种类的树如菠萝蜜、可可等，在老树树干或根颈处也能开花结果，成为热带雨林中特有的老茎生花现象。

热带雨林自由行

热带雨林绘画——画家何瑞华

中国画家何瑞华，在万千世界中，挑选了热带雨林作为他画画的题材，他的博客里写道：热带雨林是一个复杂的生态系统，多种多样的植物生长在一个空间里，彼此依赖又相互竞争。这又是一个让艺术家如醉如痴的自然现象，古人从未涉及的绘画空间让我们似乎以为自己可以用中国画的笔墨表现出让人耳目一新的天地。于是，没有来过的艺术家千里迢迢来了，来过的艺术家反复再来。

我自己画画，画热带雨林，我看朋友们画画，看他们如何画热带雨林。而我们似乎要思考一个问题，热带雨林这样复杂的或者

说如此丰富的自然植被，用什么艺术形式去表现它才能具有西双版纳热带雨林的感觉或者说具有热带雨林的味道。我自己思考，和朋友讨论。

青天白纸，当我们把宣纸铺在地上，面对让我们欢呼，让我向往的热带森林，面对那些我们从来没有见过的大树、奇花、怪藤，我们按捺不住艺术的冲动。中国画的表现形式有大写意、小写意、兼工带写、工笔等几种形式。大写意，讲究笔墨语言与画家的激情碰撞，绘画过程入大河奔流，势不可挡；小写意，讲究笔墨语言与画家的理性结合，

18

一招一式，娓娓道来；笔画，从自然的宏观到微观，注重情节，描写细节，慢中出细活；线描，最原始也是最现代的绘画语言，抛弃胭脂白粉，一根线拴住一个世界。这几种绘画形式，到底哪种形式与热带雨林多层多种的森林形式契合？

何瑞华认为大写意最适合表现单种植物，如梅花、竹子、牡丹等等，借物表情；当用大写意表现热带雨林的时候，似与不似的表现形式无法表现一个生物社会，无法表现纠缠在一起的热带植物。当然，个别热带植物如旅人蕉、海芋、小鸟蕉、热带竹子、文殊兰、火焰花这类植物可以单独表现的植物，可以用大写意表现之。小写意或兼工带写，勾花点叶，面对铺面而来的热带雨林，可以从容不迫，把它们一一收入画中。工笔画更胜一筹，大树的奔放，把那些相拥在一起的树分得个明明白白；小花的细致，把那些花，雄蕊雌蕊一丝一毫纳入囊中。

线描，用各种不同的线，把热带雨林的抽象的物象结构转为一种可以仔细分辨的具象绘画形式。他认为最适合表现热带雨林的绘画形式有小写意、线描、工笔画。

热带雨林穿梭

热带雨林的植物

　　热带雨林的植物种类极为丰富，是其他生态系统无与伦比的。热带雨林的结构因植物种类繁多，生活形态各异而非常复杂。由乔木、灌木以及草本、藤本、附生植物组成了多层次的郁闭丛林。其中仅乔木就有四五层之多，林内还有极其丰富的藤本植物和附生植物。群落外貌终年常绿。它们生长连续无间，植物终年葱绿繁茂。

- 热带雨林植物分布图

层	高度	主要植物	其他
露生层	36米或以上	乔木	单独生长，较为分散，有板根支撑，需面对蒸腾作用
树冠层	21—35米	乔木	树冠横向生长，形成连续的一层，吸收了雨林中七成阳光和八成雨水
幼树层	11—20米	年幼树木	树干较幼，树冠呈椭圆形；依靠林中少量的阳光生长
灌木层	6—10米	蕨、丛木、灌木	多为耐阴性植物
地面层	0—5米	小植物如苔藓和地衣	几乎黑暗一片；不连续和茂盛；只在河边和林地的边缘才会较为茂盛

• 热带雨林植物特点

1. 种类特别丰富，大部分都是高大乔木。如菲律宾一个雨林地区，每 1000 平方米面积约有 800 株高达 3 米以上的树木，分属于 120 种。热带雨林中植物生长十分密集，所以雨林也有"热带密林"之称。

2. 群落结构复杂，树冠不齐，分层不明显。

3. 藤本植物及附生植物极丰富，在阴暗的林下地表草本层并不茂密。在明亮地带草本较茂盛。

4. 树干高大挺直，分枝小，树皮光滑，常具板状根和支柱根。

5. 茎花现象（即花生在无叶木质茎上）很常见。关于茎花现象的产生有两种说法，其一认为这是一种原始的性状，说明了热带雨林乔木植物的古老性；其二认为这是对昆虫授粉的一种适应，因为乔木太高，虫蝶飞不到几十米甚至上百米的高空中去授粉，所以花开在较低的茎上。

6. 寄生植物很普遍，高等有花的寄生植物常发育于乔木的根茎上，如苏门答腊雨林中有一种高等寄生植物叫大花草，就寄生在青紫葛属的根上，它无茎、无根、无叶，只有直径达 1 米的大花，具臭味，是世界上最大、最奇特的一种花。

7. 热带雨林的植物终年生长发育。由于它们没有共同的休眠期，所以一年到头都有植物开花结果。森林常绿不是因为叶子永不脱落，而是因为不同植物种落叶时间不同，即使同一植物落叶时间也可能不同，因此，一年四季都有植物在长叶与落叶，开花与结果，景观呈现出常绿色。

上述的植被特点给生活在雨林中的动物提供了常年丰富的食物和多种多样的栖息场所，因此热带雨林是地球上动物种类最丰富的地区。热带雨林的生态环境对昆虫、两栖类、爬行类等变温动物特别适宜，它们在这里广泛发展，而且躯体庞大，某些昆虫的翅膀可长达 17—20 厘米，一种巨蛇身长达 9 米。

23

• 乔木

乔木是指树身高大的树木，由根部发生独立的主干，树干和树冠有明显区分。有一个直立主干，且高达 6 米以上的木本植物称为乔木。其往往树体高大（通常 6 米至数十米），具有明显的高大主干。又可依其高度而分为伟乔 (31 米以上)、大乔 (21—30 米)、中乔 (11—20 米)、小乔 (6—10 米) 等四级。乔木与低矮的灌木相对应，通常见到的高大树木都是乔木，如木棉、松树、玉兰、白桦等。乔木按冬季或旱季落叶与否又分为落叶乔木和常绿乔木。

落叶乔木：每年秋冬季节或干旱季节叶全部脱落的乔木。一般指温带的落叶乔木，如山楂、梨、苹果、梧桐等，落叶是植物减少蒸腾、度过寒冷或干旱季节的一种适应，这一习性是植物在长期进化过程中形成的。落叶的原因，是由短日照引起的，其内部生长素减少，脱落酸增加，产生离层的结果。

常绿乔木：是一种终年具有绿叶的乔木，这种乔木的叶寿命是两三年或更长，并且每年都有新叶长出，在新叶长出的时候也有部分旧叶的脱落，由于是陆续更新，所以终年都能保持常绿，如樟树、紫檀、马尾松、柚木等。这种乔木由于其有四季常青的特性，因此常被用来作为绿化的首选植物，由于它们常年保持绿色，其美化和观赏价值更高。马尾松便是人们最为常见的一种绿化树木，常常会在公园、庭院、校园等地方见到它。

• 灌木

灌木是指那些没有明显的主干、呈丛生状态的树木，一般可分为观花、观果、观枝干等几类，矮小而丛生的木本植物。常见灌木有玫瑰、杜鹃、牡丹、黄杨、沙地柏、铺地柏、连翘、迎春、月季、荆、茉莉、沙柳等。林学定义灌木为高3米以下，通常丛生无明显主干的木本植物，但有时也有明显主干。如麻叶绣球、牡丹。茎高0.5米以下者为小灌木，如胡枝子。茎在草质与木质之间，上部为草质，下部为木质者称半灌木或亚灌木。

形态特点：灌木是没有明显主干的木本植物，植株一般比较矮小，不会超过6米，从近地面的地方就开始丛生出横生的枝干。都是多年生。一般为阔叶植物，也有一些针叶植物是灌木，如刺柏。如果越冬时地面部分枯死，但根部仍然存活，第二年继续萌生新枝，则称为"半灌木"。如

一些蒿类植物，也是多年生木本植物，但冬季枯死。有的耐阴灌木可以生长在乔木下面，有的地区由于各种气候条件影响（如多风、干旱等），灌木是地面植被的主体，形成灌木林。沿海的红树林也是一种灌木林。许多种灌木由于小巧，多作为园艺植物栽培，用于装点园林。灌木的高度在6米以下，枝干系统不具明显的主干（如有主干也很短），并在出土后即行分枝，或丛生地上。其地面枝条有的直立（直立灌木），有的拱垂（垂枝灌木），有的蔓生地面（蔓生灌木），有的攀缘他木（攀缘灌木），有的在地面以下或近根茎处分枝丛生（丛生灌木）。如其高度不超过0.5米的称为小灌木；如地面枝条冬季枯死，第二年春天重新萌发者，成为半灌木或亚灌木。

我国灌木树种资源丰富，有6000余种。

乔木与灌木之间的区别

　　乔木类：树体高大（通常 6 米至数十米），具有明显的高大主干。又可依其高度而分为伟乔（31 米以上）、大乔（21–30 米）、中乔（11–20 米）、小乔（6–10 米）等四级。灌木类：树体矮小（通常在 6 米以下），主干低矮。

　　乔木：直立主干，且高达 5 米以上的木本植物称为乔木。与低矮的灌木相对应，通常见到的高大树木都是乔木，如木棉 松树 玉兰 白桦等。乔木按冬季或旱季落叶与否又分为落叶乔木和常绿乔木。灌木：主干不明显，常在基部发出多个枝干的木本植物称为灌木，如玫瑰、龙船花、映山红、牡丹等。

● 藤本

　　藤本为茎细长，缠绕或攀缘它物上升的
植物。茎木质化的称木质藤本。如北五味子、
木通等；茎草质的称为草质藤本。如何首乌、
蔊草、丝瓜、白扁豆等。

　　分类：具木质茎的称木质藤本植物，如
紫藤、葡萄。具草本茎的称草质藤本植物，
如牵牛花、葫芦。1.木质藤本：茎较粗大，
木质较硬。如过江龙、鸡血藤等；2.草质
藤本：茎长而细小，草质柔软。如鸡屎藤、
百部等。藤本是一切具有长而细弱、不能直
立，只能匍匐地面或依赖其他物支持向上攀
升的植物的统称，如葡萄、牵牛花，用卷
须、小根、吸盘或其他特有的卷附器官攀登
于他物上的，具有这种茎的植物称攀缘藤本，
如丝瓜（具卷须）、爬山虎（具吸盘）、凌霄
花（具气生根）。以茎本身缠绕于他物上的，
称缠绕藤本，如蔊草、牵牛花、紫藤等。也
有人把藤本植物统称攀缘植物。

• 苔藓

苔藓植物，属于最低等的高等植物。植物无花，无种子，以孢子繁殖。在全世界约有 2.3 万种苔藓植物，中国有 280 多种。苔藓植物门包括苔纲、藓纲和角苔纲。苔纲包含至少 330 属，约 8000 种苔类植物；藓纲包含近 700 属，约 1.5 万种藓类植物；角苔纲 4 属，近 100 种角苔类植物。

形态特征：苔藓植物是一种小型的绿色植物，结构简单，仅包含茎和叶两部分，有时只有扁平的叶状体，没有真正的根和维管束。苔藓植物喜欢阴暗潮湿的环境，一般生长在裸露的石壁上或潮湿的森林和沼泽地。比较高级的种类，植物体已有假根和类似茎、叶的分化。植物体的内部构造简单，假根是由单细胞或由 1 列细胞所组成，无中柱，只在较高级的种类中，有类似输导组织的细胞群。苔藓植物体的形态、构造虽然如此简单，但由于苔藓植物具有似茎、叶分化的结构，孢子散发在空中，对陆生生物仍然有重要的生物学意义。在植物界的演化进程中，苔藓植物代表着从水生逐渐过渡到陆生的类型。

生长习性：苔藓不适宜在阴暗处生长，它需要一定的散射光线或半阴环境，最主要的是喜欢潮湿环境，特别不耐干旱及干燥。养护期间，应给予一定的光亮，每天喷水多次，（依空气湿度而定）应保持空气相对湿度在 80% 以上。另外，就是温度不可低于 22℃，最好保持在 25℃以上，才会生长良好。苔藓植物是一群小型的多细胞的绿色植物，多生于阴湿的环境中。最大的种类也只有数十厘米，简单的种类，与藻类相似，成扁平的叶状体。

• 地衣

地衣是真菌和光合生物之间稳定而又互利的联合体，真菌是主要成员。另一种定义把地衣看作是一类专化性的特殊真菌，在菌丝的包围下，与以水为还原剂的低等光合生物共生，并不同程度地形成多种特殊的原始生物体。传统定义把地衣看作是真菌与藻类共生的特殊低等植物。1867年，德国植物学家施文德纳得出了地衣是由两种截然不同的生物共生的结论。在这以前，地衣一直被误认为是一类特殊而单一的绿色植物。全世界已描述的地衣有500多属，2.6万多种。从两极至赤道，由高山到平原，从森林到荒漠，到处都有地衣生长。

形态特征：在地衣中，火成岩上的地衣光合生物分布在内部，形成光合生物层或均匀分布在疏松的髓层中，菌丝缠绕并包围藻类。在共生关系中，光合生物层进行光合作用为整个生物体制造有机养分，而菌类则吸收水分和无机盐，为光合生物提供光合作用的原料，并包裹光合生物细胞，以保持一定的形态和湿度。真菌和光合生物的共生不是对等的，受益多的是真菌，将它们分开培养，光合生物能生长繁殖，但菌类则"饿"死。故有人提出了地衣是寄生在光合生物上的特殊真菌。根据生长型，可将地衣分为壳状地衣、叶状地衣、枝状地衣3类。

特有附属物：1.粉芽。粉芽是从地衣上皮层破裂处分裂出来的，被菌丝缠绕着的少数光合生物细胞群。聚集成界限分明的近球形或线形的粉芽群叫粉芽堆。2.裂芽。裂芽是因地衣体表面局部升起而形成的球形、卵形、棒状或具有分枝的珊瑚状小突起，有时与小裂片、小鳞芽或衣瘿近似，它们与小裂片或小鳞芽不同处，在于外形没有背腹之分，与衣瘿的不同处在于其内部所含的光合生物与地衣体内所含者一致。3.衣瘿。衣瘿虽然也是地衣体表面的小瘤，但并不是由地衣体表面的局部升起形成的，它具有自己的皮层和光合生物，通常见蓝细菌。4.杯点。杯点是一些界限分明的碗状小凹穴，类似微形小杯，杯腔由排列比较整齐的多层球形细胞构成。它们只分布于牛皮叶属地衣的下表面。5.假杯点。假杯点的杯腔缺乏比较整齐的球形细胞结构，只是疏松杂乱的菌丝从髓部露出。

• 菠萝蜜

菠萝蜜，学名大树菠萝，也有写作波罗蜜的。是一种桑科乔木。原产于热带亚洲，在热带潮湿地区广泛栽培。中国海南、湛江等地产量较多。树高 15—20 米。叶大而硬，绿色有光泽。

有雄花雌花之分，分别生在不同的花序上。雄花序生在小枝的末端，棒状，长数厘米，密密地生着许多很小的花朵（花仅 1 毫米左右），雌花序生在树干上或粗枝上，椭圆形，也密生着很多雌花。菠萝蜜的果实是聚花果，也叫多花果。这种果是由很多花结成的果聚集在一起而成的。因此，它的果实也很大。

绿色未成熟的果实可作蔬菜食用，棕色成熟的果实可鲜食其果肉，味甜酸而不浓。种子长约 3 厘米，也可以煮食。菠萝蜜的花生长在树干或粗枝上，这叫"茎花植物"。茎花植物是热带雨林的主要特征之一，只有在多雨的热带地区才有茎花植物生长。

形态特征：菠萝蜜是桑科常绿乔木，株高可达 15—20 米。叶互生，长椭圆形或倒卵形，革质，有光泽。树性强健，适合作行道树、园景树。外形巨大如车轮。菠萝蜜树经过人工培育成为伞形树冠。在树堂内的主干上，粗壮的分枝上，粗大的

结果枝上，抽芽，开花，结果。树皮较粗糙，为棕灰色，带有灰白色的大花斑。叶片为单叶，圆形或者卵形，长12—22厘米，宽6—9厘米，两面无毛，叶柄长1.5—2厘米。有的花顶生，有的则腋生，雌雄同株，雌花长4—15厘米，鲜绿色，生长位置较同一结果枝上的雄花低；雄花长约5厘米，表面较光滑，暗绿色。每年2月起开花，花期为5个月。一边开花，一边结果。果实大若冬瓜，重量可达50千克，为世界之冠，内有数十个淡黄色果囊，果色金黄，中有果核，味香甜，可食用，炒食风味佳。长椭圆形，棕绿色，菠萝蜜的果实浅黄色，成熟时，果皮为黄绿色，采收之后会转变为黄褐色，皮像锯齿，有六角形瘤，突起，坚硬有软刺；果肉被乳白色的软皮包裹着。果肉质地为肉质，金黄色，鲜果肉香甜爽滑，有特殊的蜜香味。种子浅褐色，卵形或长卵形。果熟期为5—9月的时间。

• 榕树

榕树：孟加拉榕树或印度榕树。在中国热带、亚热带地区，冠以榕树名的不只有细叶榕，屈指一算，还有十几种，如高山榕、柳叶榕、垂叶榕、花叶垂叶榕、黄金垂叶榕、长叶垂叶榕、菩提榕、印度橡胶榕、花叶橡胶榕、大叶榕、金叶榕等。这些榕树四季常青，姿态优美，具有较高的观赏价值和良好的生态效果，广栽于南方各地。

形态特征：榕树（小叶榕），树高达20—30米，胸径达2米；树冠扩展很大，具奇特板根；榕树果实是绣眼鸟最喜爱的食物；露出地表宽达3—4米，宛如栅栏；有气生根，细弱悬垂及地面，入土生根，形似支柱；树冠庞大，呈广卵形或伞状；树皮灰褐色，枝叶稠密，浓荫覆地，甚为壮观。叶革质，椭圆形或卵状椭圆形，有时呈倒卵形，长4—10厘米，花序托单生或成对生于叶腋，扁倒卵球形，直径5—10毫米，全缘或浅波状，先端钝尖，基部近圆形，单叶互生，叶面深绿色，有光泽，无毛；隐花果腋生，近球形，初时乳白色，熟时黄色或淡红色，花期5—6月，果径约0.8厘米；果熟期9—10月。果子很小，好像一粒一粒的小球，成熟时，会由绿色变成红色，是小鸟最爱吃的食物。

生长分布：榕树多生长在高温多雨、气候潮湿、雨水充足的热带雨林地区。

榕树的文化象征

1. 独树成林：在孟加拉国的热带雨林中，生长着一株大榕树，郁郁葱葱，蔚然成林。从它树枝上向下生长的垂挂"气根"，多达4000余条，落地入土后成为"支柱根"。这样，柱根相连，柱枝相托，枝叶扩展，形成遮天蔽日、独木成林的奇观。巨大的树冠投影面积竟达1万平方米之多，曾容纳一支几千人的军队在树下躲避骄阳。在中国广东新会区环城乡的天马河边，也有一株古榕树，树冠覆盖面积约15亩，可让数百人在树下乘凉。中国台湾、福建、广东和浙江的南部都有榕树生长，田间、路旁大小榕树都成了一座座天然的凉亭，是农民和过路人休息、乘凉和躲避风雨的好场所。

2. 木本之最：榕树是热带植物区系中最大的木本植物之一，有板根、支柱根、绞杀、老茎结果等多种热带雨林的重要特征。生长在西双版纳的44种榕树具有大板根的有17种，能形成各种气生根或支柱根的有26种。绞杀现象是榕属植物在东南亚热带雨林中的一个特殊现象；而独树成林则是某些榕树由绞杀阶段向独立大树过渡转变时众多的粗大支柱所形成的热带雨林特殊景观。

3. 榕树文化：南方的树，以榕为记，有一本书上说是榕不过吉，吉安以北，就不见了，这是地理上的限制。小叶榕，是福州榕树的主要品种，其次是高山榕。人参榕是做盆景的上选树种，根肥如人参、如萝卜。榕树是一种大树，有一种铺天席地的气象。傍着树，可以支架棚房，那是乡间小茶馆，树下几张竹椅，几张小几，茶碗和茶壶，江声和蝉声，是久违了的童年。榕树看去就是一座绿色的大山。榕树是越剪越能长，一枝未剪的，就直直地长，另一枝，被剪了，在下一个枝丫中长出一枝，东西横斜，一片浓绿榕树最美在根，盘根错节，起伏不定，根与树没有根本的区别。榕树的很多种类具有板根现象、老茎生花、空中花园和绞杀现象，景观奇特雄伟，反映了热带雨林的重要特征；而一些种类被当地民族视为神（龙）树和佛树，形成了独特的民族榕树文化。矗立在金宝河畔的一株榕树冠围竟有7米多，高达17米，枝繁叶茂，浓荫蔽天，所盖之地有100多平方米。相传这是隋朝所植，迄今已有千年历史，虽然树干老态龙钟，盘根错节，但仍然生机勃勃。在电影里，刘三姐就是在这棵树下向阿牛哥吐露心声，抛出传情绣球的。在金宝河的对岸有一座小山，中间的山洞是透空的，就像一座石门，可以让人随意穿行，因此得名"穿岩"。在榕树和穿岩之间有个渡口，人称"榕荫古渡"。在穿岩的临河处有一块石头，颇像一只胖乎乎的小熊正在爬山。于是民歌唱道："金钩挂山头，青蛙水上浮，小熊满山跑，古榕伴清风。"

热带雨林的动物 〉

　　雨林是世界上大多数动物的家园。而且大部分当前生活在其他环境中的物种（包括人类在内），最初都生活在雨林中。研究者推测，在较大的雨林区域中，至少存在超过1000万种不同的动物物种。

　　这些物种中的大部分都适应了在食物丰富的雨林上层生活。其中，能轻易地在树间爬行和飞行的昆虫构成了最大的群体（蚂蚁是雨林中数量最多的动物）。昆虫与雨林中的植物有着紧密的共生关系。昆虫在植物之间迁移，享受着植物提供的大量食物。在迁移的同时，昆虫有可能携带上植物的种子，从而将这些种子传播到更远的地方。这有助于降低某一片区域内该植物的数量——在树冠层之下，风力不足以将种子传播到很远的地方，因此植物几乎完全依靠动物来传播种子。危害较小的昆虫还会帮助植物对抗危害较大的昆虫。

　　雨林中大量的鸟类也在植物种子的传播中起到了重要作用。当它们吃掉植物的果实后，种子会通过它们的消化系统排出体外。当它们排出种子的时候，已经飞到距该果树几千米外的地方了。

　　大部分人对于生活在热带雨林中色彩鲜艳的鹦鹉十分熟悉，但这只是全部鸟类中的一部分。从微小的蜂雀到巨大的犀鸟，雨林中的

鸟类有着各种各样的体形和大小。目前，在世界上的所有鸟类中，有超过四分之一居住在热带雨林中。

雨林中还生活着大量的爬行动物和哺乳动物。在这些物种中，有很多都适应了树木间的生活。一些动物有着可以使它们在树枝间滑行的皮肤构成的蹼。包括多种猴子在内的哺乳动物，进化出了卷尾。实际上，尾巴就像多出来的一只手，可以用来抓住树枝。显然，这种适应性使得在树木间生活的动物过得更加轻松。比如说，猴子可以用尾巴抓住树干，倒挂着身体来抓取使用其他方式拿不到的果实。

因为白天十分炎热潮湿，大部分雨林中的哺乳动物都在夜间、黄昏或黎明活动。许多雨林中的蝙蝠种类尤其能够很好地适应这种生活方式。通过使用自身的声呐，以昆虫和果实为食的蝙蝠能很轻松地在树木之间飞行。

虽然多数雨林生物种类都生活在树上，但也有许多动物在森林地被层上生活。在雨林中还可以找到巨猿（比如大猩猩和猩猩）、野猪、大型猫科动物，甚至大象。同样，也有许多人类居住在雨林中。这些土著部落（到目前为止，已有数千个）由于森林采伐而正在以惊人的速度被迫迁出雨林。

35

• 恶魔扁尾叶蜥

刚听到名字，也许你会认为恶魔扁尾叶蜥的自然栖息地是在"地狱的最底层"，但它们实际上原产于马达加斯加。恶魔般的外表与弯曲的身体，坚硬的外壳和纹理状的皮肤，使它们看上去斑驳晦暗，与横七竖八的朽木简直一模一样，连眼睛的颜色也相同，如此伪装，使它们与周围环境完全地融为一体，自然危险也降到了最低点。但它们对环境的变化非常敏感，自然栖息地受到任何干扰都会对它们的生存构成威胁。此外，由于其吸引人的外表，它们经常被买卖，作为宠物出售。

• 玻璃蛙

这小家伙得名于它那半透明的腹部。虽然玻璃蛙背部呈灰绿色，但它们的腹部皮肤是半透明的，通过半透明的皮肤，能清晰地看到它的心脏、肝脏和消化道。虽然挂在树上，其独特的皮肤让它们与树叶融为一体。它们的体长通常在1.4—3厘米之间，栖息在中南美洲的热带雨林。全世界有134种玻璃蛙，目前60种处于濒临灭绝的境地。

• 吉卜林巴希拉蜘蛛

　　吉卜林巴希拉蜘蛛原产于墨西哥和哥斯达黎加，是世界上4万多种已知蜘蛛物种中唯一食用植物的"素食主义者"。它们生活在阿拉伯树上，体型如指甲盖般大小，并且具有良好视力和认知能力，能够跳跃，身体敏捷。吉卜林巴希拉蜘蛛的主食是阿拉伯树的贝尔塔体，并且会通过释放类似蚂蚁的化学气味，哄骗阿拉伯树胶蚁，抢夺树胶食物，偶尔会吃蚂蚁的幼虫。雄性会帮母蜘蛛照顾卵和幼小蜘蛛，也是已知唯一雄性会照顾子女的蜘蛛种类。

• 蓝色天堂鸟

　　蓝色天堂鸟原产于南太平洋岛国巴布亚新几内亚，它们身上长着华美的蓝色羽毛和两条长长的优雅的金色尾羽。生殖时节，雄鸟或仰头拱背，竖起两肋蓬松而分披的金黄色饰羽；或脚攀树枝，全身倒悬，抖开如锦似缎般的羽毛，嘴里还不停地唱着爱情"歌曲"，以招引对面的雌鸟们看过来。

• 猫猴

　　猫猴也被称为飞行狐猴，但它们不是真正的猴子，也不会飞行。它们栖息于亚洲的热带雨林，身上有一层薄薄的皮肤膜，将它们的颈部、前臂、后足至尾端都包裹起来，使它们成为顶级滑翔高手。它们的皮肤膈膜扩张后，可以将体形变成扁平的降落伞形状，从而让猫猴能轻易从一个树梢滑翔到另一个树梢，最远滑翔距离为136米。

• 子弹蚁

　　这些一英寸长的昆虫的名字是根据它们的毒刺命名的，被它们叮后产生的痛感，就像被子弹射中一样。子弹蚁也被称为24小时蚂蚁，因为如果有人不幸被它叮咬了，一整天都会痛苦不堪，疼痛不会有丝毫减弱。这是世界上已知最疼的叮咬，据说带给人一浪高过一浪的炙烤、抽搐和令人忘记一切的痛楚。子弹蚁分布在从尼加拉瓜到巴拉圭的热带雨林低地，以小型蛙类为食。

• 卷尾猴

卷尾猴亚科包括卷尾猴和松鼠猴，是新大陆猴中适应力较强，智力水平最高的一类。卷尾猴属有 4 种，分布广泛，从洪都拉斯北部一直分布到巴西南部。卷尾猴的尾巴具有半缠绕力，可以用来支撑身体和缠绕树枝，但是不能像蜘蛛猴那样起到第五只手的作用。卷尾猴智力水平高，擅长使用工具，食性杂，主要食果实，也能捕食较大的动物，颇似黑猩猩。

主要居住在南美洲和中美洲的热带森林里，主食野果、昆虫和鸟蛋等，很少到地面活动。它们不像东半球猴类那样活泼，比较迟钝乖僻。它们面相扁平，长有厚毛，两个鼻孔间距离很宽。手指足趾长有扁甲，通常每胎产 1 只。这类猴子性情非常温顺，

最惹人注目的是长着一条能够卷曲缠绕的长尾巴，面容总显出无限忧愁的样子。

卷尾猴体长 300—550 毫米，尾长与身长相同，体重 1100—3300 克。头顶生有簇状毛，看上去像一顶帽子，全身毛发为灰褐色。其尾端部卷成一圆圈，因而得名。喜欢栖居于湿润的森林中，分布区的最高海拔为 2700 米。主要以植物为食，取食嫩枝和树叶。通常在白天成群活动，每群有 10 只左右，猴群内的雄性个体多于雌性，但雄猴为群体的首领。全年都能繁殖，但多数幼仔在旱季至雨季初期出生，妊娠期 180 天。雌性个体 4 岁性成熟，雄性个体 8 岁才成年。每胎产 1 仔，猴群内的所有成员都参与照料幼仔的安全。

- 树懒

树懒是哺乳动物，共有2科2属6种。形状略似猴，产于热带森林中。动作迟缓，常用爪倒挂在树枝上数小时不移动，故称之为树懒。树懒是唯一身上长有植物的野生动物，它虽然有脚但是不能走路，靠的是前肢拖动身体前行。树懒科包括三趾树懒和二趾树懒两个属，每属因分类体系不同而各有一至数种，共5种。主要分布于中美和南美热带雨林。

树懒已高度蜕化成树栖生活，而丧失了地面活动的能力。平时倒挂在树枝上，毛发蓬松而逆向生长，毛上附有藻类而呈绿色，在森林中难以发现。二趾树懒分两种，它们没有尾巴并且长到大约64厘米长。三趾树懒分布较广，北到洪都拉斯，南到阿根廷北部。二趾树懒分布略狭窄，北到尼加拉瓜，南到巴西北部。

这些严格的植食者主要吃树叶、嫩芽和果实。难得下地，靠抱着树枝、竖着身体向上爬行，或倒挂其体，靠四肢交替向前移动。它们能长时间倒挂，甚至睡觉也是这种姿势。前肢增大，明显长于后肢。在地上时，四肢斜向外侧，不能支持身体，只得靠前肢爬，拖着身体前进。在热带盆地，雨季地面泛滥时，树懒能游泳转移。

树懒栖息的热带环境，那里温度比较稳定。树懒的体温调节机能不完全，静止时体温变幅在28℃—35℃之间。当环境温度降至27℃时便有发抖现象，可见它适应温度的范围是有限的。

• 树袋熊

树袋熊又叫考拉、无尾熊、可拉熊，英文名：Koala bear 来源于古代土著文字，意思是 "no drink"。树袋熊从它们取食的桉树叶中获得所需的 90% 的水分，而它们只在生病和干旱的时候喝水。树袋熊每天 18 个小时处于睡眠状态

考拉生活在澳大利亚，既是澳大利亚的国宝，又是澳大利亚奇特的珍贵原始树栖动物，属哺乳类中的有袋目考拉科。分布于澳大利亚东南沿海的尤加利树林区（桉树林区）。考拉虽然又被称为"树袋熊"、"考拉"、"无尾熊"、"树懒熊"、"可拉熊"，但它并不是熊科动物，而且它们相差甚远。熊科属于食肉目，而树袋熊却属于有袋目。

考拉身体长在 70-80 厘米，成年体重 8-15 千克。它们体态憨厚，长相酷似小熊，有一身又厚又软的浓密灰褐色短毛，胸部、腹部、四肢内侧和内耳皮毛呈灰白色，生有一对大耳朵，耳有茸毛，鼻子裸露且扁平。它的尾巴经过漫长的岁月已经退化成一个"座垫"，臀部的皮毛厚而密，因而考拉能长时间舒适潇洒地坐在树杈上睡觉。

考拉四肢粗壮，利爪长而弯曲，它的爪尖利，每只五趾分为两排，一排为二，一排为三，善于攀树，且多数时间待在高高的树上，就连睡觉也不下来。以桉树叶和

41

嫩枝为食，几乎从不下地饮水，因为树袋熊从桉树叶中得到了足够的水分，所以当地人称它"克瓦勒"，意思就是"不喝水"。

考拉的妊娠期为 35 天，通常情况下每胎只产 1 仔，刚生出来的树袋熊不足一寸，体重仅 5.0–5.5 克重，在母亲腹部的育儿袋中生活 6 个月后爬到母亲的背上生活，当幼崽长到 1 岁时便会离开母亲独立生活。到 3—4 岁性成熟，寿命为 10—15 年。

考拉一生的大部分时间生活在桉树上，但偶尔也会因为更换栖息树木或吞食帮助消化的砾石下到地面。它们的肝脏十分奇特，能分离桉树叶中的有毒物质。桉

树叶是它们唯一的食物。正是因为考拉的主要食物——桉树叶含有毒物质，考拉的睡眠时间很长以消化有毒物质。考拉通过发出的嗡嗡声和呼噜声交流，也会通过散发的气味发出信号。

白天，考拉通常将身子蜷作一团栖息在桉树上，晚间才外出活动，沿着树枝爬上爬下，寻找桉叶充饥。它胃口虽大，却很挑食。600 多种桉树中，只吃其中 12 种。它特别喜欢吃玫瑰桉树、甘露桉树和斑桉树上的叶子。一只成年树袋熊每天能吃掉 1 千克左右的桉树叶。桉叶汁多味香，含有桉树脑和水茴香萜，因此，树袋熊的身上总是散发着一种馥郁清香的桉叶香味。

考拉栖息于澳大利亚东部沿海的岛屿、高大的桉树林以及内陆的低地森林等各种环境。然而，数百万年前，考拉的祖先却是生活在热带雨林中，长期的进化，使得考拉逐渐地退出了原有的栖息环境。野生的考拉只会在适合其居住的地方出现，其中有两个重要的因素必不可少，其一是居住地必须有考拉首选采食，并有适宜的土壤和降雨来保证生长的树种（包括非桉树树种）存在，其二是早已有其他考拉在此定居。

研究表明，即使已知曾被考拉选择用作食物的树种存在，都不能保证考拉种群数量的稳定，除非有考拉首选的或特别喜欢的 12 种树分布于该地区。

所以，这就是仅仅种植考拉一般能采食的树种并不是个好主意的原因，为恢复考拉的栖息环境而遗漏种植关键树种，往往只会徒劳地浪费时间和精力。

● 热带雨林行走

世界热带雨林分布 〉

  热带雨林除欧洲外，其他各洲均有分布，而且在外貌结构上也都颇为相似，但在种类组成上不同。将世界上的热带雨林分成三大群系类型，即印度马来雨林群系、非洲雨林群系和美洲雨林群系。

44

• 印度马来雨林群系

印度马来雨林群系包括亚洲和大洋洲所有热带雨林。由于大洋洲的雨林面积较小，而东南亚却占有大面积的雨林，因此又可称为亚洲的雨林群系。亚洲雨林主要分布在菲律宾群岛、马来半岛、中南半岛的东西两岸，恒河和布拉马普特拉河下游，斯里兰卡南部以及中国的南部等地。其特点是以龙脑香科为优势，缺乏具有美丽大型花的植物和特别高大的棕榈科植物，但具有高大的木本真蕨桫椤属以及著名的白藤属和兰科附生植物。

棕榈树

• 非洲雨林群系

非洲雨林群系面积不大，约为60万平方行米主要分布在刚果盆地。在赤道以南分布到马达加斯加岛的东岸及其他岛屿。非洲雨林的种类较贫乏，但有大量的特有种。棕榈科植物尤其引人注意，如棕榈、油椰子等，咖啡属种类很多（全世界具有35种，非洲占20种）。然而在西非却以楝科为优势，豆科植物也占有一定的优势。

美洲雨林群系

美洲雨林群系面积大，达300万平方千米以上，以亚马孙河为中心，向西扩展到安达斯山的低麓，向东止于圭亚那，向南达玻利维亚和巴拉圭，向北则到墨西哥南部及安的列斯群岛。这里豆科植物是优势科，藤本植物和附生植物特别多，凤梨科、仙人掌科、天南星科和棕榈科植物也十分丰富。经济作物三叶橡胶、可可树、椰子属植物等均原产于这里。同时这里还生长特有的王莲，其叶子直径可达1.5米。

47

中国热带雨林分布 ›

中国的热带雨林主要分布在台湾省南部、海南省、云南南部河口和西双版纳地区，在西藏墨脱县境内也有分布。但以云南西双版纳和海南岛最为典型。占优势的乔木树种是：桑科的见血封喉、高山榕、聚果榕、菠萝蜜、无患子科的番龙眼以及番荔枝科、肉豆蔻科、橄榄科和棕榈科的一些植物等。但是由于中国雨林是世界雨林分布的最北边缘，因此林中附生植物较少，龙脑香科的种类和个体数量不如东南亚典型雨林多，小型叶的比例较大，一年中有一个短暂而集中的换叶期，表现出一定程度上的季节变化。热带雨林孕育着丰富的生物资源，但世界上热带雨林遭到了前所未有的破坏，热带地区高温多雨，有机质分解快，生物循环强烈，植被一旦被破坏后，极易引起水土流失，导致环境退化。因此，保护热带雨林是当前全世界最为关心的问题。

世界上最大的雨林——亚马孙热带雨林 〉

• 地理位置

亚马孙热带雨林位于南美洲的亚马孙盆地，占地 700 万平方千米。雨林横越了8 个国家：巴西（占森林 60% 面积）、哥伦比亚、秘鲁、委内瑞拉、厄瓜多尔、玻利维亚、圭亚那及苏里南，占据了世界雨林面积的一半，森林面积的 20%，是全球最大及物种最多的热带雨林。

• 成因

1. 位于赤道附近，终年受赤道低气压带控制，多降雨。

2. 亚马孙平原较封闭，北部是圭亚那高原，南部是巴西高原，西部是安第斯山脉，雨水集中。

3. 巴西暖流增温增湿。

4. 东南信风从大西洋带来水汽。

- ### 亚马孙河

亚马孙河位于南美洲，发源于安第斯山脉，虽然长度在世界上处于第二位，但其流量和流域面积是世界上最大的，居世界第一位。亚马孙河流域面积达到691.5万平方千米，相当于南美洲总面积的40%，从北纬5度伸展到南纬20度，源头在安第斯山高原中，离太平洋只有很短的距离，经过秘鲁和巴西在赤道附近进入大西洋。

亚马孙河向大西洋排放的水量达到了每秒18.4万立方米，相当于全世界所有河流向海洋排放的淡水总量的1/5，从亚马孙河口直到肉眼看不到海岸的地方，海洋中的水都不咸，150千米以外海水的含盐量都相当低，被人们称为淡水海。

亚马孙河主河道有1.5—12千米宽，从河口向内河有3700千米的航道，海船可以直接到达秘鲁的伊基托斯，小一点的船可以继续航行780千米到达阿库阿尔角，再小的船还可以继续上行。流经秘鲁城市伊基托斯的亚马孙河的源头近年才正式确定，是在秘鲁安第斯山区中一个海拔5597米叫奈瓦多·米斯米的山峰中的一条小溪。距离秘鲁首都利马大约有160千米，在利马南部偏西，1971年第一次认定，直到2001年才正式确定，溪水先流入劳里喀恰湖，再进入阿普里马克河，阿普里马克河是乌卡亚利河的支流，再与马腊尼翁河汇合成亚马孙河主干流。

从马腊尼翁河的支流瓦利亚加河以下，河流就从安第斯山区进入冲积平原，从这里到秘鲁和巴西交界的雅瓦里河，大约有2400千米的距离，河岸低矮，两岸森林经常被水淹没，只是偶尔有几个小山包，亚马孙河已经进入了亚马孙热带雨林中了。

• 生态资源

位于南美北部亚马孙河及其支流流域，为大热带雨林，面积600万平方千米，覆盖巴西总面积40%。北抵圭亚那高原，西临安第斯山脉，南为巴西中央高原，东临大西洋。

亚马孙河流域为世界最大流域，其雨林由东面的大西洋沿岸（林宽320千米）延伸到低地与安第斯山脉山麓丘陵相接处，形成一条林带，逐渐拓宽至1900千米。雨林异常宽广，而且连绵不断，反映出该地气候特点：多雨、潮湿及普遍高温。

亚马孙热带雨林蕴藏着世界最丰富、最多样的生物资源，昆虫、植物、鸟类及其他生物种类多达数百万种，其中许多科学上至今尚无记载。在繁茂的植物中有各类树种，包括香桃木、月桂类、棕榈、金合欢、黄檀木、巴西果及橡胶树。桃花心木与亚马孙雪松可作优质木材。主要野生动物有美洲虎、海牛、红鹿、水豚和许多啮齿动物，亦有多种猴类，有"世界动植物王国"之称。

这个雨林的生物多样化相当出色，聚集了250万种昆虫，上万种植物和大约2000种鸟类和哺乳动物，生活着全世界鸟类总数的1/5。有的专家估计每平方千米内有超过7.5万种的树木，15万种高等植物，包括有9万吨的植物生物量。科学家指出，单单在巴西已约有96660—128843种无脊椎动物。亚马孙雨林的植物品种是全球最多种性的，有专家估计，1平方千米可能含有超过7.5万种树及15万高级植物，1平方千米可含有90790吨存活的植物。亚马孙雨林是全世界最大的动物及植物生境。全世界1/5的雀鸟都居住于亚马孙雨林。现时，大约有43.8万种有经济及社会利益的植物发现于亚马孙雨林，还有更多的有待发现及分类。

51

地球上最古老的雨林——丹翠雨林

位于澳大利亚的丹翠雨林之所以是世界上最古老的热带雨林，是因为它已有1.35亿年的历史。春季是动植物最为活跃的时刻，温度宜人，雨季的风暴尚未来临，所以是领略这里的最佳时节。聆听候鸟在拂晓齐鸣，观察它们在宁静的海滩边戏水，欣赏在森林边缘绽开的兰花。

丹翠雨林浓郁的树冠下栖息着澳大利亚1/3的蛙类、有袋动物和爬行动物种类，以及近2/3的蝙蝠和蝴蝶种类。这片巨大的雨林还是约430种鸟类的家园，其中有13种是世界其他地方所没有的。清晨在树屋中听着它们的歌声醒来，或

是在拂晓听它们滑过河面上方。从9月份起，你能观察到迷人的褐背胶蜜鸟和澳大利亚翠鸟。鹦鹉在11月伴着暴风雨前来，清晨的喧闹声中会听见它们粗哑的叫声。

雨林之外，丹翠还有纯净的海滩和浅浅的、温暖的热带海域。这些主要都在北面的苦难角附近，雨林和大堡礁在此交会。这是世界上唯一有两片世界遗产保护区交会的地方。在丹翠，大自然周而复始地保持着几百万年来的规律。春季，万象更新，每年都如此生机勃勃。

53

中国最大的雨林——西双版纳热带雨林 >

• 地理位置

西双版纳热带雨林自然保护区位于云南省南部西双版纳州景洪、勐腊、勐海三县境内。地处云南南端的西双版纳热带雨林是当今我国高纬度、高海拔地带保存最完整的热带雨林，具有全球绝无仅有的植物垂直分布"倒置"现象。

西双版纳地处北回归线以南的热带北部边沿，热带季风气候，终年温暖、阳光充足，湿润多雨，是地球北回归线沙漠带上唯一的绿洲，是中国热带雨林生态系统保存最完整、最典型、面积最大的地区，也是当今地球上少有的动植物基因库，被誉为地球的一大自然奇观。5000多种热带动植物云集在西双版纳近2万平方千米的土地上，令人叹为观止。"独木成林"、"花中之王"、"空中花园"等等，都是大自然在西双版纳上精心绘制的美丽画卷，是不出国门就可以完全领略的热带气息。

• 雨林植物

　　保护区内交错分布着多种类型的森林。森林植物种类繁多，板状根发育显著，木质藤本丰富，绞杀植物普遍，老茎生花现象较为突出。区内有 8 个植被类型，高等植物有 3500 多种，约占全国高等植物的 1/8。其中被列为国家重点保护的珍稀、濒危植物有 58 种，占全国保护植物的 15%。区内用材树种 816 种，竹子和编织藤类 25 种，油料植物 136 种，芳香植物 62 种，鞣料植物 39 种，树脂、树胶类 32 种，纤维植物 90 多种，野生水果、花卉 134 种，药用植物 782 种。保护区是中国热带植物集中的遗传基因库之一，也是中国热带宝地中的珍宝。并有近千种植物尚未被人们认识，植物物种之多实属罕见。如树蕨、鸡毛松、天料木等已有 100 多万年历史，称为植物的"活化石"；特有植物 153 种，如细蕊木莲、望天树、琴叶风吹楠等；稀有植物 134 种，如铁力木、紫薇、檀木等；人工栽培的高等植物 100 余种，如野稻、野荔枝、红砂仁等。这里还有一日三变的变色花、听音乐而动的"跳舞草"、能使酸味变甜味的"神秘果"。除了作为经济支柱产业的橡胶、茶叶之外，还有中草药植物 920 多种，新引进国外药用植物 20 多种，如龙血树、萝芙木等。

• 雨林动物

在国务院 1987 年公布的全国列为国家保护动物的 206 种中，西双版纳就有 41 种，占 20%。

在西双版纳莽莽苍苍的热带雨林中，生活着一个动物的王国，栖息着 539 种陆栖脊椎动物，约占全国陆栖脊椎动物的 25%；鸟类 429 种，占全国鸟类的 36%；两栖动物 47 种，爬行动物 68 种，占全国两栖爬行动物的 20% 以上；鱼类 100 种，分属 18 科 54 属，占云南省鱼类总科属的 69%，占总属数的 40%，占总西双版纳热带雨林种数的 27%。其中亚洲象、兀鹫、白腹黑啄木鸟、金钱豹、印支虎属世界性保护动物。野象、野牛、懒猴、白颊长臂猿、印支虎、犀鸟等 13 种，列为国家一类保护动物，占全国一类保护动物总数的 19%；绿孔雀、穿山甲、小熊猫、金猫、菲氏叶猴等 15 种，列为国家二类保护动物，占全国二类保护动物总数的 30%；小灵猫、灰头鹦鹉、鹰等 24 种，列为国家三级保护动物，占全国三类保护动物总数的 39%。以一类保护动物犀鸟为例，目前我国仅有 4 种，都分布在西双版纳，形状奇特、羽毛美丽，是鸟类中的珍品。此种鸟雌雄结对，从不分离，如一方不幸遇难，另一方会绝食而亡，殉情而死，有"钟情鸟"之美称。

• 雨林望天树

森林"巨人"望天树以及广西青梅，是热带雨林最有说服力的佐证。"不看望天树，白到版纳来。"既然望天树是热带雨林的象征，到西双版纳当然要看望天树了，难怪云南生态专家推荐望天树为考察的第一目标。

西双版纳的望天树主要分布在勐腊自然保护区，分布面积约100平方千米，分布地域狭窄，数量稀少，为国家一级保护植物。望天树是典型的热带树种，对环境要求极为严格。因其种子较大，在自然条件下，有的尚未脱离母体就已萌芽，影响了种子向远处传播，影响了传宗接代，大约需要2000粒种子才有一株能长成大树。

已开发的望天树景点距勐腊县城约20千米。望天树高可达六七十米，最高的达80多米，是名副其实的热带雨林"巨人"。当车子停在"巨人"的脚下，仰望直指蓝天的巨树，你会突然觉得自己变得微小和低矮。看望天树，既是望天，又是望树。望见了树，又望见了天。望天树何止高人一等！望天树的特点是树干高大笔直，挺拔参天，有"欲与天公试比高"之势。其青枝绿叶聚集于树的顶端，形如一把把撑开的绿色巨伞，高出其他林层20米，只见其高高在上，自成林层，遮天盖地，因此人们又把望天树称为"林上林"。

为了保护好景区的望天树及其环境，在望天树林中，建了一条以高大树木为支柱，由钢索悬吊于35米高、500多米长的悬空吊桥——望天树空中走廊，此为世界第一高、中国第一条空中走廊。走在高高的树林中间，有一种欲上太空探险之感。在空中走廊走一走，逛一逛，吸着雨林过滤好的清新空气，一阵阵清香直沁心脾，令人顿感神清气爽。走廊边的树木藤蔓相互缠绕，每一棵树都是一个并不简单的生态系统；每看一眼，都是一个全新的画面；每一个镜头，都是这座博大精深自然博物馆的珍藏品。

• 热带雨林词典

西双版纳是一座热带植物"基因库"，共有高等植物5000多种，其中，被称为"活化石"的孑遗植物30余种，稀有植物135种，当地特有植物150多种。而在中国科学院西双版纳热带植物园，引自世界各地的热带植物达1万多种，是公众认可的"热带雨林绿色词典"。

热带雨林自由行

世界上最美十大热带雨林

RE DAI YU LIN ZI YOU XING

1. 南美洲，亚马孙热带雨林占地 6.4 亿公顷，大多数在巴西，其余在其他的 8 个国家。全世界 1/5 的鸟类和 1/10 的其他动物都住在这里，仅仅 2.6 平方千米就又 7.5 万种不同的树木。从各种蛙类到食人鱼、电鳗、粉色的海豚和唧唧喳喳的红色鹦鹉，亚马孙热带雨林是地球上生物种类最多的地方。

2. 加拿大，麦美仑省立公园，教堂园林部分。在温哥华的麦美仑省立公园竖立着巨大的杉树，其中的一些有 800 多年的历史。当然在这里你还可以发现北美熊馆、啄木鸟和美洲狮。

3. 澳大利亚，莱明顿国家公园。如果你想看看独特的无花果鹦鹉或隆鸟，这里无疑是最佳的选择。莱明顿国家公园离太平洋只有 28.8 千米。其深绿色的平原和悬崖显示它

是一座古老火山的残余。你可以感受一下走在晃晃悠悠的由绳子和木板做成的吊桥上是什么感觉，也可以在山中的小旅馆住一晚。

4. 伯利兹，卡克斯康博，盆地野生保育区。坐落在玛雅山东部的这处潮湿的热带雨林也很独特，这里有罕见的美洲虎、丛林猫、红眼雨蛙、豹猫和 290 多种鸟类。每年 2500 毫米的降水量为这里提供了丰富的水源。

5. 夏威夷，茂伊岛，哈娜雨林。如果你可以忍受一路的颠簸到达茂伊岛的哈娜雨林，那么就可以欣赏这里无尽的自然景观了，包括美丽的悬崖和翠绿的沟壑、瀑布、黑沙沙滩和熔岩流。哈娜雨林坐落在哈莱阿卡拉火山的东北部。

6. 夏威夷，考艾岛，寇基州立公园。悬崖边的景色和徒步旅行的标志让这个降水量

1750毫米的热带雨林备受游人的欢迎。在这里你可以在1200米的地方一饱卡拉乌谷的眼福，并且可以沿着威美亚大峡谷在这座原始的热带雨林徒步旅行。

7. 日本，鹿儿岛，屋久岛。这里的有些山达到了1800米的高度，而且你可以在这里看到罕见的屋久岛的猴子和鹿，也许还有狸猫和浣熊。这里还是杉树之家，杉树的根甚至会延伸到叶子和茎，从而形成奇怪的形状，有的杉树甚至有2000多年的历史。在这里，你可以感受海洋附近的温泉，还可以捡到星形的沙子。

8. 哥斯达黎加，加蒙特维多云雾森林。位于中美洲的哥斯达黎加，加蒙特维多云雾森林是其境内重要的自然保护区。金黄色的蟾蜍、芬芳的兰花和鲜艳的绿咬鹃；这里生

物种类繁多，加蒙特维多云雾森林也是北美洲主要的生态旅游之地。每年2950毫米的降水量使这里的兰花比世界上任何地方都长得茂盛，如果你没有看到绿咬鹃，也许你会听到蜂鸟的嗡嗡声，因为这里有30多种蜂鸟。

9. 泰国，伊拉旺国家公园。这里居住着恒河猴、狮猴、眼镜蛇和大象。你可以在由瀑布形成的游泳池中游泳，也可以发掘森林中的天然小径，或者去游览由石灰石形成的山洞、石钟乳和石笋。

10. 澳大利亚，塔斯马尼亚，塔肯。坐落在塔斯马尼亚西北部的塔肯是古代的超大陆的残余，也是澳大利亚温带雨林之家。这里还有60多种稀有物种，包括淡水大龙虾、塔斯马尼亚楔尾雕。还有一些古代的沙丘和海滩。

● 热带雨林停驻——神奇的西双版纳

走进西双版纳 〉

西双版纳热带雨林自然保护区是动植物王国。5000多种热带动植物云集在西双版纳近2万平方千米的土地上，令人叹为观止。"独木成林"、"花中之王"、"空中花园"等等，都是大自然在西双版纳上精心绘制的美丽画卷，是不出国门就可以完全领略的热带气息。是傣族、哈尼族、布朗族、拉祜族、瑶族、基诺族、克木人的聚居地，可以领略到与众不同的民俗风情，感受别样的民族文化。

西双版纳热带雨林自然保护区位于云南省南部西双版纳州景洪、勐腊、勐海三县境内。总面积2420.2平方千米，它的热带雨林、南亚热带常绿阔叶林、珍稀动植物种群，以及整个森林生态都是无价之宝，是世界上唯一保存完好、连片大面积的热带森林，深受国内外瞩目。

保护区内交错分布着多种类型森林。森林植物种类繁多，板状根发育显著，木质藤本丰富，绞杀植物普遍，老茎生花现象较为突出。区内有8个植被类型，高等植物有3500多种，约占全国高等植物的1/8。其中被列为国家重点保护的珍稀、濒危植物有58种，占全国保护植物的15%。区内用材树种816种，竹子和编织藤类25种，油料植物136种，芳香植物62种，鞣料植物39种，树脂、树胶类32种，纤维植物90多种，野生水果、花卉134种，药用植物782种。保护区是中国热带植物集中的遗传基因库之一，也是中国热带宝地中的珍宝。

景点介绍 〉

• 版纳神话园

　　坐落在景洪通小勐仑植物园途中 18 千米处，曼桂村旁。走进金黄色神话园大门，迎面是四尊金色的人面兽身大型塑像，塑像前有一幅大型彩色浮雕，上面雕的是傣家人远古时代，开天辟地的神话故事，看到这精彩的画面，仿佛把游人引进了这个神奇多彩的民族神话王国。

　　园内右侧，一片花丛中，簇拥着诸多天神，个个栩栩如生、千姿百态，每个神都有一段神话故事。喜欢听神话故事的旅客，不妨亲临其境，记下一个个动听的传说，领略一下佛教中的神奇传说，别有一番情趣。神话园内可以看到一棵巨大的箭毒木，这种树汁含有剧毒，古代战争中用于涂抹箭头，射伤皮肉即死。古往今来，这棵树成了曼桂村民世代信奉的神树。勐巴拉王国园林"勐巴拉纳西"是西双版纳古代名称，

傣语意思是美丽的地方，"勐巴拉王国园林"是一个具有独特民族风光情趣的旅游景点，此园林建在橄榄坝，整个园林，汇集了西双版纳的自然景观与人文景观，融合了傣族的历史、文化、宗教、民族风情。

园内椰子树、槟榔树挺拔，香蕉树、芒果树成林，凤尾竹随风摇曳，黄斑竹映阳灿烂。百余年的野生荔枝树浓荫覆盖，热带森林特有的绞杀树令人深思遐想，傣族小第六佛都的大佛寺雄伟、肃穆；别致的傣家竹楼掩映在绿树丛中。还有好客的傣家会欢迎您上傣楼坐客，给你敬上香喷喷的傣家特有的糯米香茶。大佛寺周围分布着十多座富有特色的佛塔和不同的雕塑与浮雕，向旅客展示了傣族创世纪的传说；傣家民族村向你展示

第一、第二、第三代傣家竹楼的演变，直至建在大树上的原始住宅。游人可登上天桥串游傣家，领略当日傣族单家独户住到丛林之中，为防野兽侵害或其他意外而建造的天桥，以互相救助的原始环境。走下天桥，便是小河流水、古树苍苍、藤蔓缠绕、棕树挺拔，使人享受到一种热带原始森林的美境。最后，便是占地约 1.5 万平方米，复原的勐巴拉纳西古王国，王国里建有傣王议事厅、宫厅、宾舍、御花园和奴仆作坊、住舍等。旅客可以观赏傣族古国宫廷舞蹈，品尝宫廷御膳，还可以参观傣族织锦、榨粉、厨膳和驯象、玩蛇、喂饲孔雀等。一连串的游览，新颖独特，让您领略到一种异族古国的情调。

• 曼典瀑布

　　曼典瀑布位于景洪西南方向 27 千米处，穿过森林，经过河沟小桥，抬头可见瀑布从悬崖处飞泻而下，瀑布共有 10 多级，落差 20 米，其声如千百只愤怒的野兽的嘶鸣。这里属热带沟谷雨林地区，各种植物层层叠叠，既有数十米高在乔木，也有低矮的灌木，各种苔藓植物，高高矮矮的植物，组成相互依附的热带植物群落。阿玛山原始森林里还有许多动物，画眉鸟悦耳的歌声，使古老的森林充满了生机。这里各类植物千姿百态，水雾腾腾，遮天盖地，漫步古老的森林中，景致优雅，令人赏心悦目。

• 景真八角亭

西双版纳傣族自治州的勐海县城以西14千米的景真山（为古傣人国都，称"晋真"），建有一座塔形巨亭，所以人们也叫它勐景佛塔。它就是八角亭。

木结构的塔形亭，其构造形制实属中外罕见。亭由五个部分构成，即座、身、檐、面、顶，总高15.42米，宽8.6米，基座高2.5米，砖砌的亚字形须弥座造型十分奇特。全亭周围分8个大面，31个小面，32个棱角。四方开门，每门上两幅雕龙。亭身10层悬山式口檐由12根长10米的大梁支撑，上面覆盖着金黄色琉璃细瓦，呈鱼鳞状，自下至顶渐次缩小，最后聚中在一个金属圆盘下。每重亭檐脊上都饰有小金塔、禽兽形及火焰形琉璃。亭基、亭身外面抹了浅红色泥皮，同时镶了种种颜色的玻璃，金银粉绘印的各种花卉、动物、人物图案，看上去金光夺目，五彩缤纷。亭顶为木结构，呈锥形，上面竖一根刹杆，四面嵌的金属薄片有网状哨眼，风一吹能发出美妙的哨音。看上去光艳如千瓣莲花怒放，听上去，哨音如仙音袅袅而来。

八角亭始建于傣历1063年（公元1701年），二三百年里经过三次大规模维修。据说，亭的整体形状是信奉佛教的傣族人仿照佛祖释迦牟尼的帽子式样建造的。又有传说，它是景真山下龙王显圣，委派八条青龙抬了龙宫之宝"水上八角亭"移放到山上的。

其实，更为可信也颇感人的倒是另一个传说。清朝初年，有一位爱游历的"贺勐缅宁"（傣语：内地汉人）来到景真，他为此处的艳丽风光所陶醉，想造一个纪念性建筑，得到当地傣族居民赞同，他汇集能工巧匠，设计、绘图、备料，建造了这座奇绝可人的亭。又说，基座刚建好，那位汉人得信，家中有急事需要他立即返回。他回了家，心里惦记着八角亭，就委派了一位傣族朋友来景真，继续完成建亭工程。竣工时，他不能亲到，就命仆人捎来一块地毯。地毯放置到亭中间地上，尺寸形状严丝合缝。

奇妙景观

• 壮观的板根

热带雨林中的一些巨树，通常在树干的基部延伸出一些翼状结构，形如板墙，称板根。大的板根达十多米高，延伸十多米宽，形成巨大的侧翼，甚为壮观。板根是乔木的侧根外向异常次生生长所形成，是高大乔木的一种附加的支撑结构，板根通常辐射生出，以3—5条为多，并以最为负重的一侧最发达，在土壤浅薄的地方板根更易形成。

板根是热带雨林乔木最突出的一个特征，也是被早期欧洲探险家们描绘得最为神秘玄妙的部分。由于板根的存在，以至于十几个人才能够合围过来这些巨树，这也使得伐倒热带雨林巨树分外困难。

• 玄妙的支柱根

　　在热带雨林中穿行，常会被一些从空中骤然垂下的柱状根所吸引，或是被斜伸入土的根枝绊倒。这些根从树枝上长出，向下悬垂于空中或植入土中，或者是从树木茎秆的基部生出，斜伸入土，它们叫支柱根。在潮湿林地，特别是沼泽雨林，支柱根很发达，成为林中奇观。

　　热带雨林生境十分潮湿，一些树木能从茎秆或枝节上长出不定根或气生根，从空气中吸收水汽。随着树木的生长，这些不定根也逐渐长大；下垂，当触及土壤时，它们继续增粗增大，变成为支柱根，兼有吸收和支撑树木躯体的双重功能。所谓"独树成林"就是树木的大量支柱根所构成的一种景观。

• 奇异的茎花、枝花和鞭花

　　1752 年当瑞典植物学家奥斯伯克乘船前往中国途经爪哇时，他看到一株树木的树秆上生长出很多美丽的花朵，作为一个对热带雨林无知的北欧植物学家，他确信他发现了无叶的寄生植物新种，并把这些花命名为寄生株。其实，那并非寄生植物新种，而是那株树木茎秆上自身开出的花朵，这个现象后来被称作老茎生花。

　　老茎生花是热带雨林树木的一个特殊现象。从进化观点看，花是植物适应昆虫和动物传粉者的一种器官，花在植物体上产生的位置是最能引诱和方便昆虫或动物为其传粉的位置。热带雨林中，昆虫和其他动物传粉者主要在林冠下一定高度范围活动，而成年树木的枝叶往往高不可及，老茎上生花无疑最能显露自己和使得昆虫及其他动物传粉者最易触及。

　　除老茎生花外，有些树木是老枝生花，而有的树木，如棕榈类植物，不仅花从茎上长出，而且还形成一个巨大下垂花序，叫鞭花。枝花和鞭花也同样是树木对昆虫传粉的一种特殊适应。

• 独特的巨叶、花叶和滴水叶尖

热带雨林林下的许多草本植物具有巨大的叶子，如芭蕉、海芋、箭根薯等植物的叶子。它们大得足以容纳数人在下面避雨，巨大的叶子能捕捉到更多的光线，一般认为这是热带雨林林下草本植物适应弱光的结果。

有些雨林下的草本植物，叶子并非全为绿色，而是杂以黄、白、红等各色的花斑纹，这称为花叶现象。花叶现象的成因目前还不十分清楚，热带花叶植物很早就被人们用作花卉素材，在很多温室里都能见到。

• 醒目的红叶现象

不论什么时候，从空中俯看热带雨林，你都会发现在茫茫绿海中点缀着一撮撮红色在阳光下闪烁。那并不是花朵，而是红色的树叶。在季节性热带雨林，老叶脱落，新叶萌生的时节，片片红色映衬在绿海之中非常醒目。

热带雨林的很多树种，新叶长出时是红色而垂下的，几天或几周后才逐渐变绿、变得坚挺。温带的树木则不同，例如著名的枫叶和黄栌，是在秋季叶片衰老快脱落时才为红色。前者象征新生，后者意味衰老。

热带雨林林下层的树木、灌木和草本植物，它们的叶子普遍具有尾状尖端，叫滴水叶尖。典型的如菩提树的叶子，它弯曲尾状的叶尖长达数厘米。热带雨林的内部非常潮湿，空气中的水汽和随时发生的降雨常在叶片的表面结成一层水膜，滴水叶尖能使叶片表面的水膜集聚成为水滴流淌掉，使叶面很快变干，这样既有利于叶片的蒸腾作用，又避免一些微小附生植物（苔藓、藻类）在叶片表面生长而妨碍其光合作用。

• 附生植物空中花园

　　步入热带雨林就映入眼底的除了地上生长的树木灌草外，还有在各种不同的树枝杆和藤萝上挂满了形形色色的小型植物，琳琅满目，犹如一个空中花园，这些悬挂的植物被称为附生植物。

　　热带雨林环境优越，植物种对生存空间的竞争异常激烈，由于林下光线幽暗，很多小型植物都难以获得足够的光线而不得不向其他空间扩展。热带雨林的多层次结构，加上林内空气潮湿，在各种树丫枝杆以及树皮裂隙处经常能聚集枯落物而形成少许土壤，为一些种子提供了温床。很多小型植物在这些位置得以立足、发展，成为附生植物。热带雨林越潮湿，附生植物的种类和数量就越多。热带雨林创造了对太阳光能最有效的利用，那些躲过了厚厚树层而渗漏进来的光线也常常逃不脱附生植物的捕捉，难怪林下如此阴暗，能到达地面的光线所剩无几。

• 魔高一丈的藤本植物

热带雨林中，有一类靠缠绕或攀缘于其他树木上，借助于树木支撑自己的躯体的植物，叫藤本植物。热带雨林中大型藤本植物十分丰富，它们时而卧地而行，时而缠绕穿梭悬挂于大树上，在林下只能见其藤茎不能见其枝叶，藤本植物的枝叶一般伸张于林冠之上，填充林冠空隙，这也是对光线的一种竞争形式。有些类型的热带雨林，藤本植物多得行人难于穿过，当树木被砍伐时常常被大藤子挂住，悬于空中不能倒落，在这类森林中采伐非常困难。

• 贪得无厌的绞杀植物

　　早期的欧洲植物学家和旅行家常被热带雨林中树上长树的奇异现象困惑，从枝叶上任何细心的人都能分辨是两种不同植物，但它们的茎秆则彼此缠杂融合在一起，或者一种植物的茎秆套包住另一种植物的茎秆。逐渐地，人们注意到，被缠绕包在内部的树木最终将枯死，而包它的植物则发展成大树。人们把包缠者称绞杀植物，而把被包缠者叫寄主植物。

　　绞杀植物大多是一些被叫作榕树的植物，它们的果实是动物的一个主食，它们的种子很微小，当动物把榕树的种子携带到树木的枝丫或树皮裂隙上后，这些种子便会萌发。幼小的榕树能产生不定根，行为就像附生植物一样，随着榕树的不断长大，它的不定根逐渐将寄主树木包住，借助寄主树来支撑自己的躯体，当这些榕树逐渐长成为大树时，它们的根和茎已整个地包住寄主树，寄主树最终由于太负重和营养亏缺而枯死，而这些绞杀榕树最后也变成独立的大树。

• 生活独特的根寄生植物

在阴湿的热带雨林下，不时可见到一些没有叶子而形态奇异的花朵骤然由土中冒出。有的小如绿豆（无叶兰），有的硕大无比，直径可达到1米，是世界上最大的花（大花草）。这些花朵是寄生在其他植物根上，平常看不见，只是开花时才冒出土壤的植物，叫根寄生植物。大花草是热带雨林特有的一类根寄生植物，它的花非常巨大，颜色猩红，花瓣肉质，发出浓烈的腐臭味，犹如一堆臭肉，吸引苍蝇为它传粉。

• 沉默的真菌世界

阴暗潮湿的热带雨林下，在枯枝倒木或蓬松的腐植物上，人们常忽略了一类没有叶绿素的小型植物，它们的形态各异，色彩斑驳，靠分解枯落物腐殖质获取养分为生，属于真菌一类植物，人们熟知的蘑菇便是此类植物。它们没有硕大的身躯和健壮的枝叶，但在森林更新和养分循环中缺它们不可。

75

• 奇花异草

　　热带雨林湿热的气候环境滋生了极端丰富的物种和多种多样的植物生活类型，有些花果形态怪异，有的似花非花，有的花果一体，无法区分。世界上最大的花、最小的花、最怪的花、最美的花都藏匿于雨林之中。

• 兰花世界

　　兰科植物是世界上最大的家族之一，全世界有 2000 多种，主要分布在热带地区，以热带雨林最为集中。中国有兰科植物 1240 种以上，也主要集中分布在热带地区，西双版纳有兰科植物属 334 种，它们主要分布在热带雨林中，热带雨林是兰科植物的分化形成中心。

• 珍稀濒危物种的栖息地

　　热带雨林是世界上物种最丰富，结构最复杂，植物生活类型最多样，生态现象最特殊，也是目前人类最陌生和对它的毁坏速度最快的森林类型。由于热带雨林未受到第四纪冰川的影响，成为许多古老物种的避难所，热带雨林中也含有十分丰富的珍稀濒危物种。

　　热带雨林无疑是我们这个星球的精华和最最珍贵的财富，对它的保护和研究正在成为科学技术发展所会集的焦点，也是决定人类和我们这颗星球存亡的最伟大工程。

77

• 傣族

　　傣族，在民族识别以前又被称作摆夷族，是中国少数民族之一。散居于云南的大部分地方。傣族通常喜欢聚居在大河流域、坝区和热带地区。根据 2006 年全国人口普查，中国傣族人口有 126 万。傣族历史悠久，与属壮侗语族的壮族、侗族、水族、布依族、黎族、毛南族、仡佬族等有着密切的渊源关系，都是"百越""骆越"民族的后裔。具有共同的分部区域、经济生活、文化习俗和民族特点，语言方面至今仍保留着大量的同源词和相同的语法结构。

　　傣族是一个具有悠久历史的少数民族，自古以来傣族先民就繁衍生息在中国

西南部。新中国成立后，据考古工作者在滇池、景洪、勐腊、孟连等地和其他省、区发掘出的新石器时代的文化堆积，以及近年来在泰国班清、北碧、黎府等地出土的大量石器、青铜器等历史文物证明，远古傣语各族的先民就生息在川南、黔西南、桂、滇东以西至伊洛瓦底江上游，沿至印度曼尼坡广阔的弧形地带，即我国云南、广西大部，四川、贵州一部和老挝、泰国北部、缅甸、印度阿萨姆广大区域，后渐向西南迁徙。他们是最早栽培稻谷和使用犁耕的民族。 史籍《史记·大宛列传》《汉书·张骞传》就有傣族的历史记载，皆称傣族为"滇越"，《后汉书·和帝本纪》称傣族先民为"掸"或"擅"。魏晋时期，称傣族为"僚"、"鸠僚"、"越"、"濮"；到了唐宋时期，傣族被称为"金齿"、"黑齿"、"膝齿"、"绣面"、"绣脚"、"白衣"等；元明清时期，都称傣族为"白夷"、"百夷"、"伯夷"、"摆夷"等。以上称谓都是他称，傣

80

族自称都是"傣"，至于各地傣族自称又有所差别。

泼水节（傣历新年）是傣族最富民族特色的节日。相当于公历4月（德宏的泼水节每年4月11—12日）。泼水节这一天人们要拜佛，姑娘们用漂着鲜花的清水为佛洗尘，然后彼此泼水嬉戏，相互祝愿。起初用手和碗泼水，后来使用盆和桶，边泼边歌，越泼越激烈，鼓声、锣声、泼水声、欢呼声响成一片。泼水节期间，还要举行赛龙船、放高升、放飞灯等传统娱乐活动和各种歌舞晚会。其大多数都与佛教有关。

傣族男子一般上穿无领对襟袖衫，下穿长管裤，以白布或蓝布包头。傣族女子的服饰各地有较大差异，但基本上都以束发、筒裙和短衫为共同特征。筒裙长到脚面，衣衫紧而短，下摆仅及腰际，袖子却又长又窄。

• 哈尼族

哈尼族，中国少数民族之一，是中国一个古老的民族，哈尼族主要分布在滇南地区，包括红河哈尼族彝族自治州、西双版纳傣族自治州、普洱市和玉溪市。哈尼族见于汉文史籍的名称，有"和夷（蛮）"、"和泥"、"窝泥"、"阿泥"、"哈泥"等。自称多达 30 余种，如"哈尼"、"僾尼"、"碧约"、"卡多"、"豪尼"、"白宏"、"布都"、"多尼"、"叶车"、"阿木"等等。

哈尼族有自己的语言，属汉藏语系藏缅语族彝语支。内部可分哈（尼）僾（尼）、碧（约）卡（多）、豪（尼）白（宏）三种方言和若干土语。哈尼族没有传统的文字，20 世纪 50 年代为其创制了一套拼音文字，今仍在试行中。

哈尼族认为万物皆有灵，人死魂不灭，于是盛行自然崇拜和祖先崇拜。有丰富的口头文学、民间舞蹈。男女老少都喜欢随身携带巴乌、笛子等乐器。以农历十月为岁首，传统节日主要是"扎勒特"（十月年，即新年）和"矻扎扎"（五月节）。哈尼族是一个与音乐歌舞为伴的民族，主要舞蹈有大鼓舞、棕扇舞、木雀舞、罗作舞等。乐器有俄比、扎比、三弦、四弦、巴乌、响篾、稻秆、叶号、竹脚铃、牛皮鼓、铓锣等。巴乌为哈尼族独有乐器，极有名，金竹制成，状如笛子。吹嘴有簧片、音色宽广浑厚，意韵悠远缠绵。近年经音乐家改制，音域扩大，音色更为丰富，曾受邀赴欧洲诸国演奏，深受欢迎。

哈尼族的服饰，因支系不同而各地有异，一般喜欢用藏青色的哈尼土布做衣服。男子多穿对襟上衣和长裤，以黑布或白布裹头。妇女多穿右襟无领上衣，下身或穿长裤或穿长短不一的裙子，襟沿、袖子等处缀绣五彩花边，系绣花围腰，胸佩各色款式的银饰。

传说远古时候，哈尼人住的是山洞。后来他们迁到一个名叫"惹罗"的地方时，看到满山遍野生长着大朵大朵的蘑菇，它

们不怕风吹雨打，还能让蚂蚁和小虫在下面做窝栖息，哈尼人就比着样子盖起了蘑菇房。

蘑菇房，顾名思义，就是住房状如蘑菇。它的墙基用石料或砖块砌成，地上地下各有半米，在其上用夹板将土舂实一段段上移垒成墙，最后屋顶用多重茅草遮盖成四斜面。内部结构，通常由正房、前廊（相当于正房前厅）和耳房组成。分二三层的

蘑菇房在建筑设计上别有风韵：前廊与正房前墙相接，耳房与正房一（两）侧相连；前廊与耳房顶部均为坚实的泥土平台，它既可休憩纳凉又可晾晒收割的农作物；正房二层全部用泥土封实，然后在三四米高处再铺盖茅草顶。二（三）层至屋顶的空间称"封火楼"。封火楼通常以木板间隔，用以贮藏粮食、瓜豆，供适龄儿女谈情说爱和住宿。最底层用来关牲畜，堆放农具。中层用木板隔成左、中、右三间，中间设一常年生火的方形火塘。客人来了，主人就围坐在火塘边，让你吸上一阵长长的水烟筒，饮上一杯热腾腾的"糯米香茶"，喝上一碗香喷喷的"闷锅酒"。趁着酒兴，主人敞开嗓子，向你展示哈尼人质朴、嘹亮的歌声，祝愿宾客吉祥如意、情深谊长。

　　蘑菇房琳麖美观，独具一格。即使是寒气袭人的严冬，屋里也是暖融融的；而赤日炎炎的夏天，屋里却十分凉爽。以哈尼族最大的村寨红河州元阳县麻栗寨最为典型。它与巍峨的山峰，迷人的云海，多姿的梯田，构成了一幅奇妙的哈尼山乡壮景。

• 布朗族

布朗族是中国西南历史悠久的一个古老土著民族。施甸居住着的濮人，自称"乌"，他称本人，俗称"花濮蛮"。从日老（今保山）迁米勐底（今施甸），现主要居住在木老元、摆榔两个乡。布朗族属南亚语系，孟高棉语族布朗语支，无文字，习汉文，有着极为丰富的口头文化，至今仍然保留着最具鲜明特征的民族语言、服饰、歌舞、风俗习性。

布朗族是一个古老的民族，根据历史文献记载，永昌一带是古代"濮人"居住的地区，部族众多，分布很广，很早就活动在澜沧江和怒江流域各地。"濮人"中的一支很可能就是现今布朗族的先民。自西汉王朝在云南设置益州郡，下辖嶲唐（保山）、不韦（保山以南）等县，濮人活动的地区就纳入了西汉王朝的郡县范围。在西晋时，永昌濮人中的一部分向南迁移到镇康、凤庆、临仓一带。唐朝时称为"朴子蛮"，元、明、清时称为"蒲蛮"。隋唐以后，文献记载有所谓"濮人"、"扑子"、"朴子"、"扑"、"蒲满"、"蒲人"等名称，其分布更为广阔，唐宋时期，"扑人"受南诏、大理政权统治；明朝设顺宁府，以蒲人头人充任土知府。后来原居于云南南部的部分蒲人发展为现在的布朗族。

新中国成立后，根据本民族的意愿，统称为布朗族。解放前生活在布朗山上的布朗族人还保留着不同程度的原始公社残余；在平坝地区生活的布朗族人，由于受经济文化发展比较快的汉族、傣族人的影响，已进入封建地主经济发展阶段。布朗族人生活的地区气候温和，物产丰富。他们主要从事农业生产，善种植茶树，是著名的普洱茶的产地。布朗山的布朗族人实行母子连名制。小孩出生三天拴线命名，将母亲的名字连在孩子的名字之后。

布朗族的文化艺术丰富多彩，民间有丰富的口头文学，流传着许多优美动人的故事诗和抒情叙事诗，题材广泛。歌舞颇受傣族歌舞影响，跳舞时伴以象脚鼓、铗和小三弦等乐器。布朗山一带的布朗人擅长跳"刀舞"，舞姿矫健有力。少男少女爱跳"圆圈舞"。墨江布朗族逢年过节或婚娶佳期，盛行"跳歌"。

布朗族的民歌分为"拽"、"宰"、"索"三种："拽"为近似说唱的叙事歌，多在婚礼中于室内演唱；"宰"是近似山歌的传统民歌；"索"是即兴编词的旋律性较强的抒情对唱歌曲。西双版纳一带的布朗族民歌则分为"甩"、"宰"、"索"、"缀"四类，曲调几乎不变，内容即兴编唱。

布朗族的婚姻实行氏族外婚和一夫一妻制，纯情的少男少女恋爱和婚姻都比较自由，但也有受到父母干涉的现象。布朗族有从妻而居的习惯，布朗族的男孩与女孩到了十四五岁时要举行"漆齿"的成年礼仪式。届时男女少年相聚在一起，用铁锅片烧取红毛树黑烟，彼此为异性染齿。染齿意味着步入成年，可以公开参加村寨中的社交活动。

● 热带雨林的赞歌

热带雨林是人类乃至整个生物界生存活动所不可缺少的重要条件，如果它不复存在，地球的环境气候都将产生重大的变化，而那样的变化将无疑是一场毁灭性的灾难。现在，全世界都在为保护热带雨林而努力，中国雨林的面积虽不大，但人们同样可以为保护雨林而有所作为，比如，人们为保护雨林而大声疾呼，比如，人们拒绝购买和使用以热带雨林中资源制造的产品。相信有大家的努力，人们地球上的这条美丽的绿色颈链会永远光彩四射。

雨林里茂密的树木，在进行光合作用时，能吸收二氧化碳，释放出大量的氧气，就像在地球上的一个大型"空气清净机"，所以热带雨林有"地球之肺"的美名。

除此之外，热带雨林水汽丰沛，蒸发后凝结成云，再降雨，成为地球水循环的重要部分；不仅有助于土壤肥沃与生物生长，也有调节气候的功能。

RE DAI YU LIN ZI YOU XING

空气的净化物 >

　　随着工矿企业的迅猛发展和人类生活用矿物燃料的剧增，受污染的空气中混杂着一定含量的有害气体，威胁着人类，其中二氧化硫就是分布广、危害大的有害气体。凡生物都有吸收二氧化硫的本领，但吸收速度和能力是不同的。植物叶面积巨大，吸收二氧化硫要比其他物种大得多。据测定，森林中空气的二氧化硫要比空旷地少15%—50%。若是在高温高湿的夏季，随着林木旺盛的生理活动功能，森林吸收二氧化硫的速度还会加快。相对湿度在85%以上，森林吸收二氧化硫的速度是相对湿度15%的5—10倍。

自然防疫 >

　　树木能分泌出杀伤力很强的杀菌素，杀死空气中的病菌和微生物，对人类有一定保健作用。有人曾对不同环境，立方米空气中含菌量作过测定：在人群流动的公园为1000个，街道闹市区为3万—4万个，而在林区仅有55个。另外，树木分泌出的杀菌素数量也是相当可观的。例如，1公顷桧柏林每天能分泌出30千克杀菌素，可杀死白喉、结核、痢疾等病菌。

天然制氧厂 ＞

氧气是人类维持生命的基本条件，人体每时每刻都要呼吸氧气，排出二氧化碳。一个健康的人两三天不吃不喝不会致命，而短暂的几分钟缺氧就会死亡，这是人所共知的常识。文献记载，一个人要生存，每天需要吸进0.8千克氧气，排出0.9千克二氧化碳。森林在生长过程中要吸收大量二氧化碳，放出氧气。据研究测定，树木每吸收44克的二氧化碳，就能排放出32克氧气；树木的叶子通过光合作用产生1克葡萄糖，就能消耗2500升空气中所含有的全部二氧化碳。照理论计算，森林每生长1立方米木材，可吸收大气中的二氧化碳约850千克。若是树木生长旺季，1公顷的阔叶林每天能吸收1吨二氧化碳，制造生产出750千克氧气。资料介绍，10平方米的森林或25平方米的草地就能把一个人呼吸出的二氧化碳全部吸收，供给所需氧气。诚然，林木在夜间也有吸收氧气排出二氧化碳的特性，但因白天吸进二氧化碳量很大，差不多是夜晚的20倍，相比之下夜间的副作用就很小了。就全球来说，森林绿地每年为人类处理近千亿吨二氧化碳，为空气提供60%的洁净氧气，同时吸收大气中的悬浮颗粒物，有极大的提高空气质量的能力；并能减少温室气体，减少热效应。

天然消声器 ＞

　　噪声对人类的危害随着交通运输业的发展越来越严重，特别是城镇尤为突出。据研究结果，噪声在50分贝以下，对人没有什么影响；当噪声达到70分贝，对人就会有明显危害；如果噪声超出90分贝，人就无法持久工作了。森林作为天然的消声器有着很好的防噪声效果。实验测得，公园或片林可降低噪声5—40分贝，比离声源同距离的空旷地自然衰减效果多5—25分贝；汽车高音喇叭在穿过40米宽的草坪、灌木、乔木组成的多层次林带，噪声可以消减10—20分贝，比空旷地的自然衰减效果多4—8分贝。城市街道上种树，也可消减噪声7—10分贝。要使消声有好的效果，在城里，最少要有宽6米（林冠）、高10米半的林带，林带不应离声源太远，一般以6—15米间为宜。

调节气候 〉

森林浓密的树冠在夏季能吸收和散射、反射掉一部分太阳辐射能，减少地面增温。冬季森林叶子虽大都凋零，但密集的枝干仍能削减吹过地面的风速，使空气流量减少，起到保温保湿作用。据测定，夏季森林里气温比城市空阔地低2℃—4℃，相对湿度则高15%—25%，比柏油混凝土的水泥路面气温要低10℃—20℃。由于林木根系深入地下，源源不断地吸取深层土壤里的水分供树木蒸腾，使林区正常形成雾气，增加了降水。通过分析对比，林区比无林区年降水量多10%—30%。据报道，要使森林发挥对自然环境的保护作用，其绿化覆盖率要占总面积的25%以上。

93

保持水土 >

热带雨林有改变低空气流，防止风沙和减轻洪灾、涵养水源、保持水土的作用。由于森林树干、枝叶的阻挡和摩擦消耗，进入林区风速会明显减弱。据资料介绍，夏季浓密树冠可减弱风速，最多可减少50%。风在入林前200米以外，风速变化不大；过林之后，大约要经过500—1000米才能恢复过林前的速度。人类便利用森林的这一功能造林治沙。森林地表枯枝落叶腐烂层不断增多，形成较厚的腐殖质层，就像一块巨大的吸收雨水的海绵，具有很强的吸水、延缓径流、削弱洪峰的功能。另外，树冠对雨水有截流作用，能减少雨水对地面的冲击力，保持水土。据计算，林冠能承载10%—20%的降水，其中大部分蒸发到大气中，余下的降落到地面或沿树干渗透到土壤中成为地下水，所以一片森林就是一座水库。森林植被的根系能紧紧固定土壤，能使土地免受雨水冲刷，制止水土流失，防止土地荒漠化。

排烟除尘、污水过滤 ⟩

　　工业发展，排放的烟灰、粉尘、废气严重污染着空气，威胁人类健康。高大树木叶片上的褶皱、茸毛及从气孔中分泌出的黏性油脂、汁浆能粘截到大量微尘，有明显阻挡、过滤和吸附作用。据资料记载，每平方米的云杉，每天可吸滞粉尘8.14克，松林为9.86克，榆树林为3.39克。

　　一般来说，林区大气中飘尘浓度比非森林地区低10%—25%。另外，森林对污水净化能力也极强，据国外研究介绍，污水穿过40米左右的林地，水中细菌含量大致可减少一半，而后随着流经林地距离的增大，污水中的细菌数量最多时可减少90%以上。

动植物的栖息地

  雨林是动物的栖息地，也是多类植物的生长地，是地球生物繁衍最为活跃的区域。所以森林保护着生物多样性资源；而且无论是在都市周边还是在远郊，森林都是价值极高的自然景观资源。

　　这本摄影集凝聚了托马斯·马伦特半生的心血，他用镜头为我们记下了雨林中的各种奇妙景象。马伦特出生于1965年，孩提时代的他就对家乡周围山中的鸟类和蝴蝶表现出极大的兴趣。后来，他不断地磨砺摄影技巧，用镜头记下自然的变化。他对雨林的兴趣始于1990年的一次澳大利亚之旅。当时他和向导去了昆士兰北部的热带雨林，这是大洋洲最主要的热带雨林区。从那以后，他的足迹遍布世界的各大主要雨林。

　　这本摄影集中动人心魄的照片摄自地球上生物种类最丰富、最多元的热带雨林。雨林中令人惊叹的动植物，让你能够领略地球上最美丽的自然奇观。托马斯·马伦特花费16年的心血，足迹踏遍五大洲，艰苦但吸引人的冒险历程最终集结成这本热带雨林图集。在他的镜头中，多彩多姿的热带雨林——从切叶蚁到毒蛙，再到五彩斑斓的蝴蝶和高飞到树冠的鸟类——得以生动再现。从这本书里，你不仅可以窥见雨林中万万千千生物的神秘面貌，还可以了解更多科普知识。书中的一幅幅照片将把你带到热带雨林这个神秘的自然王国；书中的文字为你生动讲述照片背后的故事和那些不为人知的探险经历。雨林是一曲生命的交响乐和赞歌。

热带雨林的悲歌

热带雨林被人们誉为"地球之肺",是陆地上最容易吸收空气中二氧化碳的地方,也是生物多样性最为丰富的地方。然而这本该让人类倍加珍惜的热带雨林却一直遭受无尽的砍伐和蚕食,这种破坏所造成的生态损失巨大,对环境有着复杂的负面影响。近年来许多生物学家和环保组织逐渐注意到这一问题,随之一些媒体也报道了热带雨林面积锐减的事实。如自1970年至今,亚马孙热带雨林损失的面积超过6000万公顷(相当于4个希腊国土面积),在1985年至2005年的20年间近1/3的婆罗洲雨林消失,1990年至2000年,刚果平均每年要损失1.7万公顷热带雨林。可见,在这短短的几十年里,热带雨林面积减少的速率非常惊人,破坏的范围几乎遍及所有分布热带雨林的地区。

橡胶树惹的祸 〉

橡胶树原产于南美亚马孙河流的热带雨林，其树汁是天然橡胶最主要的来源。只要砍开一个缺口，就会有树汁从树干中流出来，在印第安语言中它被称作"会哭的树"。

1895年第一辆使用充气轮胎的汽车问世，使得橡胶迎来了一个忠实的终身订户，从巴西雨林里开始的橡胶工业从此登上世界经济贸易的舞台。橡胶在工业社会的成功，推动着工业革命的飞速发展，推动着现代文明的车轮，隆隆地开进热带雨林深处。那是一个疯狂的时期，从亚马孙河口开始一直到雨林深处，绵延几千千米，野生的橡胶树下到处是胶碗、胶管，到处是散发着恶臭的生胶作坊。森林地带兴建了铁路，亚马孙河上的航运公司运送着割胶工人和生胶制品。

后来，有30多个国家的热带地区引种栽培，以东南亚各国栽培最广，产胶最多。马来西亚、印度尼西亚、泰国、斯里兰卡和印度等国的植胶面积和产胶量占世界的90%。"橡胶林不同于其他植被，它具有独占性"。为了不让其他植物与橡胶树争夺养分，管理者利用高效除草剂、"两砍两除一深翻"等手段，令除橡校树之外的其他植物寸草不生。"在橡胶种植20年以后的土壤上，基本上是看不到其他什么植物了"。

橡胶在西双版纳的种植始于20世纪50年代。60年代末，数万名知识青年来

到西双版纳,建立植胶农场,他们"砍倒森林,放火烧了做肥料,然后把坡地挖成台地种上橡胶"。庄严、美丽的原始森林,用刀耕火种的方式被开垦,一片荒凉凄惨。植胶场得到了大规模发展,而"西双版纳热带森林有一段时间曾以每年1.5万公顷的惊人速度锐减。"然而,更大的厄运正等待着中国仅有的热带雨林。近几年,随着世界经济的迅猛发展,橡胶产业呈爆炸式增长。今天的西双版纳,森林步步退缩,橡胶树寸寸紧逼。橡胶林这"雨林中诞生的物种正在吞噬着北纬20度最后的雨林。"目前,中国的橡胶消费已居世界第一。西双版纳经过几年的膨胀式发展已无地可种,中国的橡胶企业与相邻的国家一起,又瞄准了东南亚的热带雨林。"如果说20世纪西双版纳的橡胶是由泰国越过东南亚丛林来到西双版纳,那现在则是由西双版纳又向东南亚丛林迁回了","或许在不久的将来,这些地方都将会像西双版纳一样,一种绿色代替了所有的雨林绿色","这里曾经有着丰富的物种和复杂的植被结构,而今仅剩下单一的胶林,很多曾经生活在这里的动植物还没有被发现、命名,就已经随着砍伐和烧荒而永远地消失……"

101

狂采滥伐的罪过 〉

　　2008年10月30日，世界绿色和平组织的一个保护热带雨林、拯救地球气候的全球行动在印度尼西亚拉开帷幕。

　　摄影记者的镜头里展示了热带雨林滥伐后令人心碎的画面，一艘巨大的运送木材的牵引船，上面堆积着成千上万立方米的木材。堆积的原木完全像一座小山一样。接下来的另一幅景色更让人触目惊心。大片大片生长了成百上千年的热带雨林被砍伐得一塌糊涂。大型的机械化作业，对雨林完全是灭绝式的采伐。砍过的地方，一片狼藉。这些砍伐者拿出一副斩草除根、不留活路的姿态，把伐过的大地又用挖掘机翻了个底朝天。一望无际的野地上四处堆满了伐倒的树木。泥炭地被掘得四处开花。附近还有没被砍伐过的热带原始森林，郁郁葱葱，生机勃勃。有的大树高达几十米，远远地看去真是壮观而美丽。但是人类采伐过的地方，全都像得了斑秃或者牛皮癣。你还会看到这样的照片：雨林被砍伐焚烧后如黑漆漆的癞头山；一圈圈如指纹一样扩散着的新开垦的台地；迷雾氤氲的胶林正在流淌着雪白的"泪"；失去家园茫然游荡的大象……

桉树的危害 〉

在泰国东北部猜巴丹县迈泰沙隆村有的一块400公顷原始森林，15年前这一带约有65公顷的土地全是原始森林，到处是茂盛的参天大树，地面上覆盖着杂草和苔藓。显示出大自然郁郁葱葱、生机盎然的景象。然而自从这里种植了大片桉树后，一切都变了。人们再也听不到昔日鸟的欢叫和昆虫的振翅声，野生动物踪迹消失，甚至在地里都找不到一条蛆蛐。除了露出地面的桉树根外，一棵杂草、一块苔藓都看不到。光秃秃龟裂的土地上只有散落着的干枯的桉树叶，整个森林笼罩着一片死亡的气息。确实，当人们站在一边是桉树林、另一边是原始森林的道路中间，就会深切地感受到死亡与生命两个截然不同世界的存在。

桉树生长快，是经济效率高的树种，同时它又是造纸工业最合适的原料之一。而地处亚热带的泰国可谓是种植桉树、保证造纸原料供应的理想场所，这无疑会使造纸工业发达而本国又无原料生产基地的日本财团垂涎欲滴，将黑手伸向泰国。但是，种植桉树给土地带来的破坏是长期难以恢复的。桉树为了获得充足的水和养分，其根部到处延伸使其他植物难以与之共生。再者，由于桉树叶散发出的类似樟脑那样浓烈的气味在林中回荡，使昆虫难以靠近，飞鸟也随之不能降临，既然种植桉树的危害如此之大，何以政府还强迫村民舍弃延续几百年的农业去做这种事呢？

现代经济的发展不应以破坏自然环境为代价，人类文明的进步不能以灭绝旁类为阶梯，社会前进的车轮怎能碾碎热带雨林——这来自远古地球的最昂贵的馈赠。

● 热带雨林保护

热带雨林保护之曙光——REDD ❯

近年来，随着全球气候变化研究的不断深入，一个新的术语逐渐进入人们关注的视野：REDD，即减少砍伐森林和森林退化导致的温室气体排放（Reducing emissions from deforestation and degradation）。无论在《科学》《美国国家科学院院刊》(PNAS)等世界著名杂志的版面聚焦，还是在ATBC（热带生物学与保护协会）、MONGABAY网站（热带雨林知名网站）等追踪报道，REDD似乎为"日益憔悴"的热带雨林保护带来了一线曙光。

根据联合国跨政府气候变化专家委员会（IPCC）的报告——森林砍伐和

随之而来的土地开发利用约造成了全球18%—25%温室气体增加, 尤其二氧化碳增加明显。而近些年寒温带森林的二氧化碳被认为基本处于平衡状态, 那么, 森林中释放的二氧化碳可能都来自雨林的破坏。在这一严峻的形势下, 传统保护模式所提供的帮助似乎微乎其微。由于热带雨林地区多分布在发展中国家, 而这些国家常常会面临资金不足、支持乏力等, 设置大面积林区公园或保护区又显得力不从心。"长期以来, 环保人士一直在努力寻找解决森林保护资金的筹集方法, 而今, REDD使这种可能变成了现实, 因为它使森林保护有利可图", 于是, 人们把保护雨林的希望更多投向这一新机制——REDD, 即减少砍伐森林和森林退化导致的温室气体排放。

• REDD：富济雨林的理念

那么，什么是 REDD 呢？通俗地讲就是：保护森林是有价值的，让人们明白"砍掉森林不如保全它"。众所周知，热带雨林很容易吸收空气中的二氧化碳，如果热带雨林被大量砍伐或退化，不但吸收温室气体的能力变小了，反而会向大气中释放更多的温室气体，这样全球气候变暖的趋势就会更严重。于是，科学家们想到给目前存活的森林定价，其价值主要取决于森林因储存碳而减少温室气体排放的能力，通过市场的价格机制来权衡森林砍伐与保护。如果存活森林的价值足够高，人们对保护森林的兴趣就会大于伐木、出售造林权等，从而实现对森林的保护。那这场交易由谁来买单呢？答案是那些工业化发达的富国，因为这些国家的温室气体排放量通常会大大超出国际标准，为了抵消这些超标的排放量，它们就需要从别的国家尤其是热带雨林地区购买这种"减少温室气体排放"的商品。

国际森林研究中心 (CIFOR) 主任 Frances Seymour 称，"REDD 计划是拯

救森林最大的希望。试想一下，人们为什么砍树呢？为了钱。假如你能给当地人们同样的机会挣同样的钱，却不必砍掉那些树，那么答案就出来了。"因此，很多环保人士认为，在转变森林砍伐的问题上，REDD 极具市场潜能，有助于保护雨林，并给当地居民带来经济利益。

其实，富济雨林的理念由来已久，可惜在1997年《京都协定书》中为应对温室气体制定了气体减排的条款，却没款。2007年12月，在印尼巴厘岛举行的多国会议接受了对"避免砍伐森林"给予报酬的提议，作为对《京都协定书》的修订。随后，REDD 计划出炉，发达国家在应对气候变化中需为雨林的保护工作给予报酬，这一计划让热带雨林保护者们看到了希望。2008 年12 月，波兹南——第14届联合国气候变化大会在波兰举行，会上人们激烈地讨论 REDD 所面临的机遇与挑战。也是这一年，巴西亚马孙森林砍伐

苏门答腊虎

REDD在行动

热带雨林首个 REDD 项目：2008 年 4 月 13 日，热带雨林首个 REDD 项目——乌卢梅森（Ulu Masen）项目诞生了，这是由印度尼西亚亚齐（Aceh）省政府、野生动植物保护国际(FFI)和澳洲森林保育公司（Carbon Conservation）共同融资，帮助保护印尼乌卢梅森热带雨林。乌卢梅森雨林面积广阔，约 76 万公顷，是苏门答腊大象、云豹、苏门答腊虎和苏门答腊猩猩等珍稀动物的栖息地。该项目将确保这些珍稀动物得到可持续保护，并可使未来 30 年内乌卢梅森热带雨林的二氧化碳排放量减少1亿吨（相当于悉尼至伦敦飞机往返 5000 万次的温室气体排放量），以目前碳价（每吨二氧化碳 5—30 美元）计算，当地至少可获得5亿—30亿美元的收益。通过这种收益形式将为当地社区健康和教育项目提供资金来源。

亚马孙开创性的 REDD 项目：朱马（JUMA）可持续发展自然保护区项目，是亚马孙地区第一个获得独立认证的项目，由亚马孙州政府和巴西私有银行巨头 Rradesco 发起，并受到很多参与者的资助，如万豪国际酒店每晚向顾客收取 1 美元的自愿碳补偿来支持这一项目。该项目每年的总投资为810万美元，用来支持"森林保护计划"中的 6000 个家庭，实现零森林破坏。这些家庭可以直接得到现金支付，钱都打进电子借记卡中，可以在任何城镇的银行和邮局使用，非常高效。计划中的社区也能从多方获得投资，包括创收活动、社会计划和当地的支持组织等，不断改善当地人民生活条件和提高创收资源。预计该项目在 2016 年至少可减少 360 万吨二氧化碳的排放。

保护热带雨林的冠军：作为目前最大和最重要的国际力量，挪威通过一系列积极行动荣升为保护热带雨林的冠军。2008 年，挪威政府向巴西亚马孙承诺了 10 亿美元的基金，倡议将巴西亚马孙森林的砍伐量降低至1996—2005年底线

的 70%；此外，挪威还为坦桑尼亚提供 7300 万美元，以在未来 5 年内开发和执行 REDD 的国家战略，并为圭亚那、刚果等国家的 REDD 项目提供数百万美元的资金支持。

挪威政府对 REDD 项目的潜力充满信心，他们认为 REDD 不仅能降低森林碳排放，而且还在生物多样性保护、土著人的经济发展和生活水平的改善方面具有重要价值。同时，他们非常期望"通过 REDD 项目，与发展中国家和发达国家建立深入、持久并具有实质性的合作关系，从而帮助发展中国家实现真正可持续的低碳发展。"

• REDD未来的发展

　　专家们认为：REDD 融资机制必须灵活，这样才能把政府间融资（国家层面）和市场融资（项目层面）结合在一起；REDD 在碳交易市场上必须获得一定的配额，这对森林的可持续管理十分有利；启动一个全球的监控系统，用来监控REDD 项目和森林覆盖率的变化；另外，REDD 的资金必须运用验证与确认的工具来保证原住民和当地社区的适当利益分享。从巴厘岛到哥本哈根，REDD 在国际气候谈判桌上一直被广泛讨论着，无论如何，拯救热带雨林，并为穷国提供资源与支持，需要一项公正、高效的政策，REDD 能否突破目前的讨论与争议并最终担此重任，大家都在屏息以待。

云南热带雨林保护基金 〉

2011年冬季，由西双版纳热带雨林保护基金会支持的布龙州级自然保护区联合工作全面开展，标志着雨林保护基金正在西双版纳生态州建设、环境改善及热带雨林保护与恢复中发挥积极作用。

西双版纳热带雨林保护基金会始建于2010年6月。成立以来，基金会为加强热带雨林保护和全面推进生态州建设，在国际组织、企业、社会热心人士的大力支持下，2010年成立大会认捐623万元，

2011年实际收到企业及个人捐款397.1万元。

2011年1—5月，基金会共收到各部门申请支持项目39个，2011年5月17日，热带雨林保护基金会组织专家组对申请支持的39个项目进行了论证、筛选。2011年6月16日，基金会根据《资产管理办法》及《议事规则》的规定召开常务理事会，对拟资助的项目进行最后审定。会议审定通过2011年热带雨林保护基金资助项目13个，总资助金额166.8万元。目前已完成

5个，正在实施6个。

截至2011年已完成项目有：勐海县林业局实施的《植树造林——214国道面山生态恢复》；州林业局实施的《保护热带雨林呵护绿色家园宣传活动》；勐腊县林业局实施的《名木古树保护项目——勐腊县城箭毒木保护》；当地林业部门代管的《农村集体天然林协议代管》。

基金会成立后，正在实施的项目有：云南景泰绿色产业公司西双版纳分公司实施的《环境友好型生态胶园建设项目——退胶还林》；西双版纳国家级自然保护区曼稿管理所实施的《山桂花繁育示范种植》；布龙州级保护区管理所实施的《布龙保护区周边村寨生态建设》；中科院勐仑植物园、西双版纳国家级自然保护区科研所共同实施的《西双版纳布龙州级自然保护区综合考察报告集》出版项目、布龙保护区管理所联合市县林业局实施的《布龙州级自然保护区社区联合勘界》；西双版纳国家级自然保护区勐养管理所实施的《野生亚洲象食物园基地建设》。

RE DAI YU LIN ZI YOU XING

巴美热带雨林保护协议 〉

巴西和美国于2010年8月12日签署合作协议，美国承诺不再要求巴西偿还一笔总额为2100万美元的旧债，改为将其用于巴西热带雨林的保护和恢复事业。

美国驻巴西使馆代表丽莉萨·库比斯克在签字仪式上指出，这笔旧债是巴西50年前向美国所借款项的一部分，本应于2015年到期，美国决定放弃向巴西追索这笔欠款，将其交给巴西政府支配，专门用于环境保护事业。

巴西环境部长伊莎贝拉·特谢拉表示，巴西政府将成立一个包括美国代表在内的9人委员会，以管理这笔款项的使用情况，首笔大约为600万美元的资金已于2010年10月份交由该委员会支配。

巴西热带雨林是世界上生态系统保持最好的地区，但是由于人类的农耕和放牧活动，雨林面积正逐渐缩小。近些年来，巴西加大了对热带雨林地区的保护工作，并且得到了来自国际社会的资金支持。

全世界原始部落有很多，印度尼西亚科罗威人是至今少有的仍保持着近乎原始生活状态的一种人群。曾被一度称作"食人族"，直到20世纪70年代，科罗威人才结束了与世隔绝的生活，但至今他们仍过着打猎、捕鱼的生活，住在树上，吃虫子，使用箭、棍等原始工具。

据说，科罗威人是目前仍保留食人习俗的极少数部落之一。他们居住在内陆地区，离阿拉弗拉海大约160千米远。大多数科罗威人对远离他们家乡的外部世界知之不多，他们之间经常发生械斗。科罗威人目前还约有4000人。直到20世纪70年代，人类学家才第一次接触到科罗威人。他们仍然居住在传统的树巢里，十几个人一群，分散在丛林深处的空地上。美国史密森学会的人类学家保罗·泰勒曾于1994年拍摄了一部介绍科罗威人的纪录片——《花园的主人》。在过去数十年里，许多科罗威人迁移到由荷兰传教士当初建立的居住点居住。

科罗威人生活在印尼东部巴布亚省偏远的森林中，是世界首个被公认的栖树民。他们说当地部落的特有语言，靠吃野生动物、植物为生。科罗威人以攀爬梯子，爬上树上的家。他们平日里只靠芭蕉叶遮盖。用藤条扎紧一个石斧，这便是他们日常重要的工具。科罗威人的家安在树上，一般距地面50米。一般说来家人们都生活在一起，最多的时候8个人住在一间屋里。

曾经一度外界认为科罗威人是"食人族"。

但人类学家研究后发现，野猪、鹿、西米、香蕉等野生动植物是科罗威人的主要食物。科罗威人擅长打猎和捕鱼。一种天牛的幼虫，是科罗威人爱吃的食物。据说口感像煮过头的胡桃。对于蛋白质缺乏的科罗威人来说，这无疑是绝好的营养品。科罗威人使用箭等各式工具、武器，有的是用火鸡等动物的骨头制作而成，主要用来刺杀敌人；有的是捉鱼的工具；有的是用来对付蜥蜴的；有的是用来对付野猪的。针对不同的"敌人"，他们制作了不同的武器。目前，只有极少数的科罗威人会读、能写。印尼人口统计专家在与他们接触时，全靠打手势交流。一些专家感慨，科罗威人仍然生活在石器时代。

● 热带雨林文化

原生态文化 〉

"连绵起伏的热带雨林，柯枝交臂、苍翠蓊郁，绿色的波浪吐绿叠翠，涌出天际。热带雨林深处，各种乔木花卉于万绿丛中点染出一片片姹紫嫣红，白如轻云，美不胜收；傣家竹楼掩映在黛林翠竹中，绿色田野送来阵阵蛙鼓蝉鸣，一派宁静清幽的傣乡田园风光。身穿花色筒裙的傣家少女，或田间劳作，或下河沐浴，好一幅热带雨林与民族风情和谐共融的美景……"

"有森林才有水，有水才有田，有田才有粮，有粮才有人。"这是傣族生态观的生动展示和形象概括。傣家人生息繁衍于热带雨林，形成了具有浓郁民族特色的生态观——贝叶文化，其所包含的"森林文化"、"树花文化"、"水文化"、"动物文化"等，折射出了人与自然的完美和谐。他们认为，在漫长的历史长河中，傣族先民所倡导的生态观，在不断延伸和拓展中，使热带雨林得到完好呵护，使景洪成为了地球北回归线上一颗璀璨夺目的绿宝石。

"生活于热带雨林腹地的傣家人，'森林文化'折射出了他们对森林价值的朴素认识，他们对森林有着特殊珍爱的情怀，万物土中长，森林育万物。"以傣族为代表的民族原生态文化就是一张响亮的景洪名片。傣家人以浓郁的宗教特色而形成了"龙林文化"，把对森林的崇拜与对祖先的崇拜密切联系在一起，这种集森林和祖先崇拜为一体的"龙山林"，是傣家人保护热带雨林的一大创举。

"森林文化"还体现在傣家人充分利用自然和开发自然的活动中，傣族人工营造的用材林包括薪炭林和竹林。除建房和生活中所需的少量木材外，从不乱砍森林。他们以种植热带速生树种——黑心树（铁刀木）做薪炭林，千百年来，每家每户都种有几十棵到上百棵不等的黑心树，热带雨林的保护成为了当地各民族自觉的共同行动。

傣族喜水，好沐浴，临水而居，水的点点滴滴都渗透在傣家人生活的每个角落。傣族民间有"泡沫跟着波浪漂，傣家跟着流水走"的谚语，生动反映了傣族珍爱水、以水为生命、以水为根本的朴素生态观。泼水节则是傣族"水文化"的最集中、最完美的体现。

"动物文化"是傣族生态文化中最有特色的一部分。傣族先民从生活中真切体验到人离不开动物，动物要靠人保护，彼此相互依存，形成了世世代代人与动物和谐相处的关系。

"傣家人呵护森林、崇尚自然的良好生态观念，也得到了大自然的丰厚回报。千百年来，这片被精心呵护的热带雨林，成为地球北回归线上的绿色奇观。"

121

原生态文化的特性 ⟩

• 地域性

　　雨林文化的地域性，就是指带有显著的、与其他地区民族文化区别明显的、与雨林密切相关的特征。直到 20 世纪中叶，西双版纳还处于封建领主经济或封建领主经济向封建地主经济过渡的时期。这里人口流动性较小，社会开放程度低，人们对自然尤其是热带雨林具有很大的依赖性。除了刀耕火种，当地的许多民族还沿袭着狩猎、采集或捕捞等传统生产方式，几乎为原生形态或接近原生形态。当地几乎所有的人都在热带雨林里活动。

　　当地民间流传的谚语神话、传说故事、山歌民谣、乐曲舞蹈、服饰花纹、房屋式样、节庆祭祀、习俗礼仪等，都从不同的侧面体现出雨林性，所有的文化意义无不与各民族在热带雨林中生产、生活息息相关。

• 传承性

产生于西双版纳的雨林文化不但历史悠久，而且由于当地各个民族源源不断的传承而得到了丰富和发展。雨林文化的传承主要是在民间进行的，表现为人们之间的口耳相传，即便是典籍传记也主要属民间行为。如傣族的贝叶经并非官方的典籍，而是宗教典籍。贝叶经记载着人与自然和谐相处的内容，处处闪现着雨林文化的智慧。其他没有自己的文字的少数民族，对雨林文化和其他文化的传承就靠口耳相传来完成。在西双版纳的民间歌舞里，有许多内容都是雨林文化的音符。老一辈人通过歌舞等形式，将人要如何与自然和谐相处的方法传授给下一代，年轻的一代有将经过发展和丰富的雨林文化传承给后一辈。民间节庆活动是传承雨林文化的主要载体。人们积极参与节庆活动，下意识地就将自己掌握的雨林文化进行了传承，并通过耳濡目染，将别人传授的雨林文化和各种表现形式记在心间。

无论是书面记载或口头传承，还是借助音乐、舞蹈、雕塑和绘画等方式传承，雨林文化作为西双版纳各民族精神的核心要素，与民族共同体相伴，协调并维持着一个民族的平衡。

• 独特性

　　生活于热带雨林中的西双版纳各个民族所创造出来的雨林文化，既丰富又独特。其独特性表现在文化性格或社会价值上，就是崇尚团结，热情好客，崇拜自然，爱护环境等。人们不是把自然视为征服的对象，而是作为与自己有亲缘关系的神灵。他们坚持保护神物、神山或神树，不准对它们有丝毫的侵犯，还经常举行集体的祭祀活动。哈尼族村寨周围的水源林，被当作生命之源，得到了严格保护，任何人不得破坏其中的一草一木。这是一种独特的、非常朴素的自然观。

　　西双版纳各民族之间不断交流、融合与分化，以各自的生产、生活方式为基调。形成了这样的分布格局：同一民族大分居、小聚居；不同民族在同一地区和谐相处，交错杂居，却又界线分明。傣族主要居住在坝子或河谷，而哈尼族、瑶族、布朗族、拉祜族、基诺族和彝族等其他民族主要居住在山区和半山区。他们主要种植水稻、旱稻、甘蔗、茶叶，以及橡胶、紫胶和热带水果等，在保护和利用植物方面呈现出强烈的地域色彩。由于地处偏远，交通不便，各民族与外界的接触相对较少，社会变迁程度低，因而西双版纳的雨林文化的形成受到传统和自然地理的影响程度较深，更具有独特性。

• 交融性

　　西双版纳位于中原文化、印度文化和东南亚文化的交会带，因而产生于这里的雨林文化不可避免地受到了中原文化、印度文化和东南亚文化的影响，它们都不同程度地交融在雨林文化之中。例如，傣族人民就接受了从印度经斯里兰卡、缅甸传入的南传上座部佛教，并且在建筑、服饰等方面都受到了东南亚文化的影响。

　　在西双版纳，信奉南传上座部佛教的只有傣族和布朗族。对于南传上座部佛教的传入时间众说不一，但至少有近千年的历史。俗话说"一山不容二虎"，佛教传入西双版纳后，曾与当地的原始多神教相互排斥。当地有这样的一个传说：谷魂奶奶曾使村社五谷丰登、人丁兴旺，而菩萨来后驱走了她，导致了村社田地荒芜，连菩萨自己也饿肚子。人以食为天，菩萨最终不得不承认"谷神"最重要，并把谷魂奶奶再请了回来。这则传说中的菩萨是佛教的象征，谷魂奶奶是原始多神教的代表。由于原始多神教在西双版纳民族人民心中根深蒂固，菩萨也斗不过"地头蛇"。最后经过一定的妥协和改造，佛教才在傣族和布朗族社会站稳脚跟。在西双版纳，虽然两套宗教制度并存，但因信奉的是同一人群，尤其是主宰原始多神教祭祀活动的男人几乎都当过僧侣，所以佛教与原始多神教相互渗透，形成了混合型的宗教文化。

　　因此，由西双版纳居住民族共同创造的雨林文化也受到了各种外来文化的影响。

125

西双版纳的美食——傣族好鱼

西双版纳的傣族村寨都与大小河流为邻，无河不成居。无论男女，都喜欢抓鱼、吃鱼，无鱼不成席。据说小伙子如果不会捕鱼，姑娘们就看不起。这可能是笑谈，但傣族对鱼的喜好程度由此可见一斑。为了保护好鱼类资源，傣族传统上就有以自然村为单位，对共有河流进行分段管理的制度，不允许毒鱼，更不允许炸鱼、电鱼，保证了鱼类资源的可持续利用。

傣族不但善抓鱼，做鱼的功夫也很独到。先讲破鱼。最特别的就是从鱼的背脊上破开，鱼本身就滑不溜手，砍轻了，破不开，砍重

了，又怕滑到手上，真是需要有点功夫。再说作料。油、盐、葱、姜、蒜和辣椒面自然要有，还要有香茅草、槟榔青、野芫荽、盐巴果、小米辣，根据做法的不同，配以不同的作料。三是做法。煎、炸、蒸、煮、烧、烤、腌、熏齐全，尤以包烧鱼和竹筒烧鱼、烤鱼、酸鱼、鱼剁生，"臭"鱼的做法和味道最有特点。四是工夫。剁要剁细，扎要扎紧，烤要勤翻，慢工出细活。

烧鱼、烤鱼和鱼剁生是傣族先民野外生活经验的总结，很有野趣，最适合在河滩上的野炊。包烧鱼要香。把泥鳅、红尾巴鱼、

香茅草烤鱼

虾和小白鱼与盐、葱、姜、辣椒、野芫荽和盐巴果拌拢，如果就近有水蕨菜，也可以加进去，用芭蕉叶一起包起来，再包上一层芭蕉叶，在两层芭蕉叶间加点水，扎好口子，放到文火上烧熟后，一经打开，鱼香混合着作料香，香气四溢。竹筒烧鱼讲鲜。砍来竹筒，削去篾青，装上水和油、盐，靠在火上烧，待水开后，把新鲜的秃嘴鱼放进去，再抓上一把酸藤子或野荠菜，不但汤色漂亮，竹子和野菜的清新，使鱼的味道更加鲜美。烤小鱼比较简单，直接用长竹签子从鱼口穿进去，倒插在火旁烤熟。这样烤出来的鱼，鲜里透香。烤大鱼相对复杂，先把鱼从背脊上破开，装上盐、葱、姜、野芫荽、香茅草和辣椒，

鱼头鱼尾相叠，把作料包在中间，用篾子扎紧，再用两根竹片把鱼夹起来，放在文火上慢慢烤熟。这样烤出来的鱼，香中含鲜。鱼剁生可以理解为鲜鱼酱。大鱼要去皮去骨，小鱼要用竹片夹着烘一下，剁细；小米辣烧熟，剁细；槟榔青烧熟，冲上凉开水，加盐，再把剁细的鱼肉和辣椒拌进去，鱼剁生就做成了。用鱼腥草、刺五加、薄荷、水香菜等野菜蘸鱼剁生，别有一番风味。

酸鱼和"臭"鱼，都需要一定的制作过程。酸鱼在农贸市场有卖，买回来撕碎，拌上蒜泥、辣椒面，就可以吃了，回味无穷。"臭"鱼不是常有，全靠运气，比臭豆腐香多了，还有一种难忘的鲜。

图书在版编目（CIP）数据

热带雨林自由行/李应辉编著. —长春：北方妇
女儿童出版社，2015.7（2021.3重印）
（科学奥妙无穷）
ISBN 978-7-5385-9343-3

Ⅰ.①热… Ⅱ.①李… Ⅲ.①热带雨林—青少年读物
Ⅳ.①P941.1-49

中国版本图书馆CIP数据核字（2015）第146845号

热带雨林自由行
REDAIYULINZIYOUXING

出 版 人	刘　刚
责任编辑	王天明　鲁　娜
开　　本	700mm×1000mm　1/16
印　　张	8
字　　数	160 千字
版　　次	2015 年 8 月第 1 版
印　　次	2021 年 3 月第 3 次印刷
印　　刷	汇昌印刷（天津）有限公司
出　　版	北方妇女儿童出版社
发　　行	北方妇女儿童出版社
地　　址	长春市人民大街 5788 号
电　　话	总编办：0431－81629600

定　　价：29.80 元